U0162729

海上絲綢之路基本文獻叢書

# 華夷花木鳥獸珍玩考（五）

〔明〕慎懋官 選集

文物出版社

**圖書在版編目（CIP）數據**

華夷花木鳥獸珍玩考．五 /（明）慎懋官選集．-- 北京：文物出版社，2022.7
（海上絲綢之路基本文獻叢書）
ISBN 978-7-5010-7659-8

Ⅰ．①華… Ⅱ．①慎… Ⅲ．①植物－介紹－中國－古代②動物－介紹－中國－古代 Ⅳ．① Q948.52 ② Q958.52

中國版本圖書館 CIP 數據核字（2022）第 097037 號

**海上絲綢之路基本文獻叢書**

華夷花木鳥獸珍玩考（五）

---

選　　集：〔明〕慎懋官
策　　劃：盛世博閱（北京）文化有限責任公司

封面設計：鞏榮彪
責任編輯：劉永海
責任印製：蘇　林

出版發行：文物出版社
社　　址：北京市東城區東直門内北小街 2 號樓
郵　　編：100007
網　　址：http://www.wenwu.com
經　　銷：新華書店
印　　刷：北京旺都印務有限公司
開　　本：787mm×1092mm　1/16
印　　張：12.25
版　　次：2022 年 7 月第 1 版
印　　次：2022 年 7 月第 1 次印刷
書　　號：ISBN 978-7-5010-7659-8
定　　價：90.00 圓

---

# 總緒

海上絲綢之路，一般意義上是指從秦漢至鴉片戰争前中國與世界進行政治、經濟、文化交流的海上通道，主要分爲經由黄海、東海的海路最終抵達日本列島及朝鮮半島的東海航綫和以徐聞、合浦、廣州、泉州爲起點通往東南亞及印度洋地區的南海航綫。

在中國古代文獻中，最早、最詳細記載『海上絲綢之路』航綫的是東漢班固的《漢書·地理志》，詳細記載了西漢黄門譯長率領應募者入海『齎黄金雜繒而往』之事，書中所出現的地理記載與東南亞地區相關，并與實際的地理狀況基本相符。

東漢後，中國進入魏晉南北朝長達三百多年的分裂割據時期，絲路上的交往也走向低谷。這一時期的絲路交往，以法顯的西行最爲著名。法顯作爲從陸路西行到印度，再由海路回國的第一人，根據親身經歷所寫的《佛國記》（又稱《法顯傳》）一書，詳細介紹了古代中亞和印度、巴基斯坦、斯里蘭卡等地的歷史及風土人情，是瞭解和研究海陸絲綢之路的珍貴歷史資料。

隨着隋唐的統一，中國經濟重心的南移，中國與西方交通以海路爲主，海上絲綢之路進入大發展時期。廣州成爲唐朝最大的海外貿易中心，朝廷設立市舶司，專門管理海外貿易。唐代著名的地理學家賈耽（七三〇～八〇五年）的《皇華四達記》記載了從廣州通往阿拉伯地區的海上交通『廣州通夷道』，詳述了從廣州港出發，經越南、馬來半島、蘇門答臘半島至印度、錫蘭，直至波斯灣沿岸各國的航綫及沿途地區的方位、名稱、島礁、山川、民俗等。譯經大師義净西行求法，將沿途見聞寫成著作《大唐西域求法高僧傳》，詳細記載了海上絲綢之路的發展變化，是我們瞭解絲綢之路不可多得的第一手資料。

宋代的造船技術和航海技術顯著提高，指南針廣泛應用於航海，中國商船的遠航能力大大提升。北宋徐兢的《宣和奉使高麗圖經》詳細記述了船舶製造、海洋地理和往來航綫，是研究宋代海外交通史、中朝友好關係史、中朝經濟文化交流史的重要文獻。南宋趙汝適《諸蕃志》記載，南海有五十三個國家和地區與南宋通商貿易，形成了通往日本、高麗、東南亞、印度、波斯、阿拉伯等地的『海上絲綢之路』。宋代爲了加强商貿往來，於北宋神宗元豐三年（一〇八〇年）頒佈了中國歷史上第一部海洋貿易管理條例《廣州市舶條法》，并稱爲宋代貿易管理的制度範本。

元朝在經濟上採用重商主義政策，鼓勵海外貿易，中國與歐洲的聯繫與交往非常頻繁，其中馬可·波羅、伊本·白圖泰等歐洲旅行家來到中國，留下了大量的旅行記，記録元代海上絲綢之路的盛况。元代的汪大淵兩次出海，撰寫出《島夷志略》一書，記録了二百多個國名和地名，其中不少首次見於中國著録，涉及的地理範圍東至菲律賓群島，西至非洲。這些都反映了元朝時中西經濟文化交流的豐富内容。

明、清政府先後多次實施海禁政策，海上絲綢之路的貿易逐漸衰落。但是從明永樂三年至明宣德八年的二十八年裏，鄭和率船隊七下西洋，先後到達的國家多達三十多個，在進行經貿交流的同時，也極大地促進了中外文化的交流，這些都詳見於《西洋蕃國志》《星槎勝覽》《瀛涯勝覽》等典籍中。

關於海上絲綢之路的文獻記述，除上述官員、學者、求法或傳教高僧以及旅行者的著作外，自《漢書》之後，歷代正史大都列有《地理志》《四夷傳》《西域傳》《外國傳》《蠻夷傳》《屬國傳》等篇章，加上唐宋以來衆多的典制類文獻、地方史志文獻，集中反映了歷代王朝對於周邊部族、政權以及西方世界的認識，都是關於海上絲綢之路的原始史料性文獻。

海上絲綢之路概念的形成，經歷了一個演變的過程。十九世紀七十年代德國地理學家費迪南·馮·李希霍芬（Ferdinad Von Richthofen，一八三三～一九〇五），在其《中國：親身旅行和研究成果》第三卷中首次把輸出中國絲綢的東西陸路稱爲『絲綢之路』。有『歐洲漢學泰斗』之稱的法國漢學家沙畹（Édouard Chavannes，一八六五～一九一八），在其一九〇三年著作的《西突厥史料》中提出『絲路有海陸兩道』，蘊涵了海上絲綢之路最初提法。迄今發現最早正式提出『海上絲綢之路』一詞的是日本考古學家三杉隆敏，他在一九六七年出版《中國瓷器之旅：探索海上的絲綢之路》中首次使用『海上絲綢之路』一詞；一九七九年三杉隆敏又出版了《海上絲綢之路》一書，其立意和出發點局限在東西方之間的陶瓷貿易與交流史。

二十世紀八十年代以來，在海外交通史研究中，『海上絲綢之路』一詞逐漸成爲中外學術界廣泛接受的概念。根據姚楠等人研究，饒宗頤先生是華人中最早提出『海上絲綢之路』的人，他的《海道之絲路與昆侖舶》正式提出『海上絲路』的稱謂。選堂先生評價海上絲綢之路是外交、貿易和文化交流作用的通道。此後，大陸學者馮蔚然在一九七八年編寫的《航運史話》中，使用『海上絲綢之路』一詞，這是迄今學界查到的中國大陸最早使用『海上絲綢之路』的人，更多地限於航海活動領域的考察。一九八〇年北京大學陳炎教授提出『海上絲綢之路』研究，并於一九八一年發表《略論海上絲綢之路》一文。他對海上絲綢之路的理解超越以往，且帶有濃厚的愛國主義思想。陳炎教授之後，從事研究海上絲綢之路的學者越來越多，尤其沿海港口城市向聯合國申請海上絲綢之路非物質文化遺産活動，將海上絲綢之路研究推向新高潮。另外，國家把建設『絲綢之路經濟帶』和『二十一世紀海上絲綢之路』作爲對外發展方針，將這一學術課題提升爲國家願景的高度，使海上絲綢之路形成超越學術進入政經層面的熱潮。

與海上絲綢之路學的萬千氣象相對應，海上絲綢之路文獻的整理工作仍顯滯後，遠遠跟不上突飛猛進的研究進展。二〇一八年厦門大學、中山大學等單位聯合發起『海上絲綢之路文獻集成』專案，尚在醖釀當中。我們不揣淺陋，深入調查，廣泛搜集，將有關海上絲綢之路的原始史料文獻和研究文獻，分爲風俗物産、雜史筆記、海防海事、典章檔案等六個類別，彙編成《海上絲綢之路歷史文化叢書》，於二〇二〇年影印出版。此輯面市以來，深受各大圖書館及相關研究者好評。爲讓更多的讀者親近古籍文獻，我們遴選出前編中的菁華，彙編成《海上絲綢之路基本文獻叢書》，以單行本影印出版，以饗讀者，以期爲讀者展現出一幅幅中外經濟文化交流的精美畫卷，爲海上絲綢之路的研究提供歷史借鑒，爲『二十一世紀海上絲綢之路』倡議構想的實踐做好歷史的詮釋和注脚，從而達到『以史爲鑒』『古爲今用』的目的。

# 凡例

一、本編注重史料的珍稀性，從《海上絲綢之路歷史文化叢書》中遴選出菁華，擬出版百册單行本。

二、本編所選之文獻，其編纂的年代下限至一九四九年。

三、本編排序無嚴格定式，所選之文獻篇幅以二百餘頁爲宜，以便讀者閱讀使用。

四、本編所選文獻，每種前皆注明版本、著者。

五、本編文獻皆爲影印，原始文本掃描之後經過修復處理，仍存原式，少數文獻由於原始底本欠佳，略有模糊之處，不影響閱讀使用。

六、本編原始底本非一時一地之出版物，原書裝幀、開本多有不同，本書彙編之後，統一爲十六開右翻本。

# 目録

# 華夷花木鳥獸珍玩考（五）

# 華夷花木鳥獸珍玩考（五）

卷十至卷十二

〔明〕慎懋官　選集

明萬曆間刻本

# 華夷鳥獸續考卷之十

吴興郡山人愼懋官選集

## 鳳凰

博白有遠村號録含皆高山大水人跡罕及斗米一二錢盖山險不可出有小江號龍潜魚大者動長六七尺癡不識人村民自誇我山多鳳凰吾且謂妄從而詰之則曰其大如鵞五色有冠率居大木之顛穴木而巢焉遇天氣清明必出出必雙飛所過則諸鳥歛翼俛首而伏不敢鳴者久之吾嘆曰此眞鳳凰也古人謂南方丹山產鳳爲信見鐵圍山叢談

鸞歌

大紅綠鸞歌五色鸞歌鸚歌皆能效言語出瓜哇國

鸚鵡不敢牽帝衣

明皇時有五色鸚鵡能言上令左右試牽帝衣鳥輒瞋目叱咤政府文學能延京獻鸚鵡篇以賛其事張燕公有表賀稱爲時樂鳥見酉陽雜俎

凡鳥三指向前一向後鸚鵡兩指向後

海鸚哥

海鸚哥黑喙綠羽足亦鸞也

桃蟲

桃蟲爾雅曰鷦其雌鴱音艾似黄雀而小一名鷦鷯一名鷦鷖一名桃雀俗呼巧婦見通志昆蟲略

鷄鳩

鷄鳩爾雅曰寇雉郭璞云鷄大如鴿似雌雉鼠脚無後指岐尾爲鳥憨急群飛出北方沙漠地見通志昆蟲略

錦地鷗

閩中造盞花紋鷓鴣斑點試茶家珍之因展蜀畫鷓鴣于書舘江南黄是甫見之曰鷓鴣亦數種此錦地鷗也見清異録

海鷗

海鷗似鵞而大不識人船過嘗集人肩頂人輙捕而烹之見海語

鶴

鶴一起千里古謂之僊禽以其於物爲壽又性絶警八月白露降則警而鳴性好在陰故謂其羽爲陰羽周書曰陰羽鼂旌解者曰鶴鼂羽爲旌也故易有鳴鶴在陰之爻然詩稱鶴鳴于九皐聲聞于天與易之鳴鶴在陰其子和之若不同者盖鳴于九皐鶴之俊者以喻士之及時而未仕者至其老則聲不能揚和者獨其子而已禽經又曰鶴老則聲下而不能高近

而不能祭此之謂也書又言鶴體無青黄二色者木土之氣內養故不表於外然本草云鶴有玄有黄有白有蒼蒼者今人謂之赤頰玄則鶴之老者百六十年則有純白純黑之異若黄鶴則古人常言之古書又多言鵠鵠即是鶴音之轉後人以鵠名頗著謂鶴之外別有所謂鵠故埤雅既有鶴又有鵠蓋古之言鵠不日浴而白白即鶴也鵠名哠哠哠鶴也以龜龍鴻鵠爲壽壽亦鶴也故漢昭時黄鵠下建章宮太液池而歌則名黄鶴神異經鶴國有海鵠衛懿公好鶴齊王使獻鵠于楚亦列國之君皆以爲玩其餘諸

書文如蕙帳空今夜鶴怨楚辭黃鵠一舉及田饒說
魯哀公言黃鵠或爲鶴或爲鵠者甚多以此知鶴之
外無別有所謂鵠也鶴好延頸以望故稱鶴以怨望
鴟以貪顧怨者必望故以望爲怨不意君之望臣深
是也貪者必顧故以顧爲貪數招權顧金錢是也古
以鶴爲祥故立之華表說文桓亭郵表也一說漢法
亭部四角建大木貫以方表名曰桓表又鶴之膝特
隆故吳尋殼大者名鶴膝又作詩者以中字平爲鶴
膝

羊公鶴

劉遵祖少爲殷中軍所知稱之於庾公庾公甚忻然便取爲佐既見坐之獨榻上與語劉爾日殊不稱庾小失望遂名之爲羊公鶴昔羊叔子有鶴善舞嘗向客稱之客試使驅來氃氋而不肯舞故稱比之見世說新語

## 海鶴

海鶴大者修項五尺許翅足稱是吞常鳥如餤魚鱔成化間有至漳州者漳人射殺之復有以項貨者類淘河而鋭咮雄大雌乃略小晝啄于海暮宿巖谷間島夷豫以小鏢付狁月夕則伏於鶴常宿所擇其大

者而刺之平旦有獲五六頭者島夷乃剔其頂售于舶估比至閩廣價等金玉

鶴頂鳥

鶴頂鳥大如鴨毛黑長頸觜其腦盖骨厚寸餘外紅色裏如黄蠟色嬌黄可愛堪作腰帶出舊巷國

鶴頂紅

鶴頂出南蕃大海中有魚頂中魫紅如血名曰鶴魚故以爲帶號曰鶴頂紅今用龜筒夾鶴魚魫爲梳名曰鶴頂梳　佐近在都御史羅通官舍見其鶴頂紅帶二云是海外真鶴頂剪碎紅頂夾打成帶上有細波

紋無紋者卽僞物也又見真鶴頂但兩頰紅頂不紅大者三个可作一帶

金鳥

廣州記金鳥色純白口與足如金其鳴自呼

信天翁

信天翁鳥名滇中有之其鳥食魚而不能捕俟魚鷹所得偶墜者拾食之蘭廷瑞詩云荷錢荇帶綠江空唼鯉含鰍淺草中波上魚鷹貪未飽何曾餓死信天翁亦可以爲諷也廷瑞滇之楊林人

阿濫堆

張祜詩紅樹蕭蕭閣半開玉皇曾幸北宮來至今風俗驪山下村笛猶吹阿濫堆宋賀方回曲子云待月上潮平波灧塞管孤吹新阿濫中朝故事云驪山多飛鳥名阿濫堆明皇採其聲爲曲子又作鶡爛堆酉陽雜俎云鶡爛堆黄一變之鵪色如鶖氅鵪轉之後乃至累變横理細臆前漸漸微白見丹鉛録

## 燕

燕之居甚安故古以爲燕居燕享之燕然安不可懷故又有燕安鴆毒之戒至其去也多藏深山大空水中無毛羽或蟄藏坻岸中鄒鑒避難澤中百姓盡饑饉掘蟄燕食之亦云

入水爲蜃蛤淮南子云燕之爲蛤是也今人言蜃是蛟類吐氣爲臺樓伺燕栖集則食之又言龍食燒燕水枯竭者投之立漲今人亦投之以求雨人食燕則不可以適河然則燕與蛟龍蜃蛤之氣相往來盖亦類也玄中記曰千歲之燕戶北向燕之來去皆避社又戊巳日不取土以戊巳字書其巢上則去之豈社主於土戊巳又土位土克水燕之所避歟說文燕作巢避戊巳

## 意怠

東海有鳥焉其名曰意怠其爲鳥也翂翂翐翐而似無能引援而飛迫脅而棲進不敢爲前退不敢爲後

食不敢先嘗必取其緒是故其行列不斥而外人卒不得害是以免於患見莊子

貞燕烈鵞

元元貞二年雙燕巢于燕人柳湯佐之宅一夕家人舉燈照燭其雄驚墜猫食之雌彷徨悲鳴不巳朝夕守巢哺諸雛成翼而去明年雌獨來復巢其處人視巢生二卵疑其更偶徐伺之則抱獨之殼爾自是春秋來凡六稔觀者譁然目爲貞燕成化六年十月淮安鹽城大蹤湖漁人見鵞鵞交飛獲其雄烹之雌戀戀飛鳴竟投沸湯中而死漁人悲其意爲弃羮不食

余稱之曰烈鴛見雙槐歲抄

海鷰

海鷰大如鳩春回巢於古巖危壁葺壘乃白海菜也島夷伺其秋去以修竿接鏟取而鬻之謂之海鷰窩隨船至廣貴家宴品珍之

伯勞

伯勞不孝鳥也一名慱勞一名伯趙仲夏之月始鳴

佛現鳥

蜀大峩峰普光殿有佛現鳥狀類鴝鵒飛鳴近人其聲圓轉山僧音為佛現鳥

念佛鳥

輿地紀勝趙吏君聞念佛鳥有詩云不是學僧初念佛從來念佛指人迷出叙州存

護花鳥

青城峨眉間徃徃有之至春則啼其音若云無偷花果髣髴人言云

望帝

寰宇記云蜀之先肇於人皇之際至黄帝子昌意娶蜀人女生帝嚳後封其支庶於蜀歷夏殷周始稱王首曰蚕叢次曰栢灌次曰魚鳬其後有王曰杜宇稱

帝號望帝自恃功德高乃以褒斜爲前門熊耳靈關爲後戶玉壘峨眉爲池澤時有荆人鱉靈者帝立爲相後帝因禪位於鱉靈遂自亡去化爲子鵑故蜀人聞鵑鳴曰是我望帝也見詩林廣記

## 楚寃鳥

楚寃鳥一曰亡寃或云楚懷王與秦昭王會於武關爲秦所執因咸陽不得歸卒死於秦後於寒食月夜人見於楚化而爲鳥名楚寃見崔豹古今註

## 鸜鵒

宋天台黃巖正等寺觀師畜一鸜鵒常隨人念阿彌

陀佛一旦立死籠中乃穴土而葬之舌端生紫色蓮花大智律師爲之頌曰立亡籠閉渾閑事化紫蓮花也大奇

百舌鳥

出中蜀山谷間毛采翠碧蜀人多畜之一云翠碧鳥善效它禽語凡數十種非東方所謂反舌無聲者徃徃亦矜鬬至死不解然捕者吿罕故惜之不使極其擊云

半痴

性最痴重半觔俗呼憨半觔訛呼爲半趨出宣府鎮

鶯

一名倉庚春時流聲百轉見廣昌志

倉庚

出谷遷喬之事未見其驗今荊州每至冬月於田畝中得土堅圓如卵者輒取以賣破之則鸎在其中無復毛羽盖以土自裹伏而土堅勁候春始生羽破土而出然則出谷遷喬之事恐當似此矣

斲木

觜如錐長數寸常斲木食蟲俗言斲善禁法曲爪畫地爲印則穴之塞自啓鼠竊其印施於扃鑰亦可開

見廣昌志

鸂鶒

鸂鶒能敕水故宿水而物不害鵁鶄能巫步禁蜮啄木遇蠹以觜畫字成符而蠹自出鷦有隱巢木鷙鳥不能見燕啣避戊巳日則巢固而不傾鸛有長水石故能於巢中養魚而水不涸燕惡艾雀欲奪之則啣其中

鸕鷀

善捕魚卵生漁家畜而抱之須人迭守不相離視其少動即呵止否則自毀其卵矣見廣昌志

十二紅

十二紅羽毛紅褐碧緑相間

荏雀

每歲荏且熟是則群至食其實性好鬭人捕之裒錢使決勝負閭里嘈觀至一雀直數千錢官司惡民贅聚每下符禁叱之

揚

揚白鷺也似鷹尾上白一本尾長白見崔豹古今註

大都養鷹

古人稱鷹化鳩但以搏擊者爲鷹不搏擊者爲鳩鳩

者鳥之總名也余嘗問司鷹之職者寶赤言鷹之類甚衆推角鶻黃者以鷹名然角鶻有二種一種兩脚有毛一種兩脚無毛名鷺鷥角鷹鶻有二種海東青名白鶻一種玉爪一種黒爪有鴉鶻有金眼鴉鶻有兎鶻海東青與金眼鴉鶻皆能以小擊大食天鵞鷺鵏之屬鶻鷹角鷹食獐鹿等獸鴉鶻食鴻鴈鵲鴉鷗鷺之屬兎鶻食狸兎等獸黃鷹食水鴨雉雞之屬鷂子食斑鳩鴝鴿鶉雀之屬各隨其力以相吞啖其雄者小雌者大雛者易視他禽倉者量力求食故養鷹者喜雛與雌也　養鷹鶻者其類相語而謂之味漱味

音以麦反三館青有味漱三卷皆鷹鷂法度具其醫療之術　鷙鳥雄小雌大庶鳥雄大雌小

昔人傳楚文王好獵有獻鷹者神爽殊絶王爲獵於雲夢置網雲布煙燒張天毛群羽族爭噬競搏此鷹軒頸瞪目遠視霄漢無搏噬志王顧獻者汝得無欺余耶其人曰此鷹若但效於兎雉臣豈敢獻俄而雲際一物凝翔鮮白不辯其形鷹竦翮而升矗若飛電須臾羽墮如雪血下如雨有大鳥墮地度其兩翅廣數十里博物君子曰此大鵬鶵也楚王乃厚賞之見幽明録

德政感禽

楊繼宗會郡城饑荒流殍者相踵公憫念既深遂不行關白司道竟自發倉賑之全活萬計仇家以事報敏與直計將門識韓其補本省督參論以方略使之陰拾其短且曰外有論劾而吾居中主之不患其不敗也韓就任即以擅支倉庫少給多侵爲辭行文按公及展牘忽狂風大作揭牘空中旋繞飛揚不止韓喝庭從持送衆役未及起而蒼鷹數十乘風亂集檣牘飛上或爪或啄牘紙紛然碎矣韓怒曰汝與楊繼宗作說客耶我當親至其郡復能阻吾乎遂白樾撫

兩院按查嘉禾方下舟羣鷹復至怒睛奮翅馳逐飛鳴若詈辱之狀者韓愈怒募兵勇健之弓者彈弩者箭網者絲用手雖多而羅繞益衆卒無能退也韓正思計中一老鷹迅擲而下韓急以手蔽面竟除其紗冠而去衆鷹亦復爭相爪啄又紛然碎矣韓方駭異逐駕默思事因以寢見雪窻談異

銜擁行車

季元紘開元初爲好畤令賦役平允不嚴而治大有政聲遷閏川司馬發離百里士民號泣遮路烏鵲之類飛擁行車有詔褒美之　岑樓愼氏曰二事互觀

則今古一理徵也夫

鴈

自河北渡江南瘦瘠能高飛不畏繒繳 江南沃饒每至春還河北體肥不能高飛恐爲虞人所獲常啣蘆數寸以防繒繳焉是鴈常在海邊沙上食砂石悉皆銷爛惟食海蛤不銷隨其出以爲藥倍勝餘者

白鴈

北方有白鴈似鴈而小色白秋深則來白鴈至則霜降河北人謂之霜信杜甫詩云故國霜前白鴈來卽此是也

## 鴈爲民治田

上虞有鴈爲民治田春啣拔草根秋啄除其穢是以縣官禁民不得妄害此鴈犯則有刑無赦也見十三州記

## 鴈王

鴈王啣果獻雜寳藏經迦尸國有五百鴈爲群侶爾時鴈王名曰賴吒鴈王有臣名曰素摩時此鴈王爲獵師捕得五百群鴈皆棄飛去惟有素摩隨逐不捨語獵師言請放我王以身代之獵師不聽遂以鴈王獻梵摩羅王鴈王曰惟願大王放一切鴈使無所畏五百羣鴈在王殿上空中作聲時王問言此是何鴈

鴈王言是我家屬王卽施無畏不聽殺鴈
札木言于江罕曰我於君是白翎雀他人是鴻鴈
耳白翎雀寒暑常在北方鴻鴈則南飛就暖耳言
巳心堅而他人心不可保也

白鷴

所命白鷴春到家時卽遣人往和平村落遍求馴鷴
實無可得至十月此鳥出食田禾方求五六隻家養
以候其性馴但野鳥入籠常起山藪之思雖獲生全
只存一隻卽欲附來因心翁行道適無海船入省今
姑寄養洸艾毋衙內候人便順送得來春因詢和邑

之人道此鳥須知子雞大時取來家什群雞中熟養方得飲啄自如非旦夕可致者

鵲

鵲能鵲蝟鵲之所在蝟必反腹而受啄焉或在木上鳴蝟伏不能行淮南曰鵲矢中蝟此類之不推者也

烏

孔子曰烏盱呼也取其助氣故以爲烏呼盖烏之呼如人之歎聲故古者記人之歎輒書烏呼以記之又謂之於戲於耶古烏字穆天子傳曰於鵲與處是也戲即呼也古者言日中有烏堯時十日並出羿射落

九烏盖曰以比人主傳曰天無二日土無二王少皞之衰九黎亂德堯出而平之故以喻射九烏焉

朝夕烏

成帝時御史府中列栢樹常有野烏數千栖宿其上晨去暮來號曰朝夕烏

鴟梟

鴟梟食毋眼睛乃能飛

鷂

鷂爾雅曰天雞鷂鷂音汗逸周書曰蜀人獻文鷂文鷂者若翬雉按今有吐錦雞盖雉類惟蜀中有之仰曰

吐錦甚有文彩見通志昆蟲略

真珠雞

真珠雞生夔峽山中畜之甚馴以其羽毛有白圓點故號真珠雞又名綬雞生而反哺亦名孝雉每至春夏之交景氣和煖頷下出綬帶方尺余紅碧鮮然頭有翠角雙立良久悉斂於嗉下披其毛不復見或有死者割其頸臆間亦無所覩若溪漁隱曰廣右閩中亦有吐綬雞余在二處見人多養之不獨巴峽中有也

火雞

火雞大如鶴身头頸長有軟紅冠江消樣二片生於頸中鶴觜甪渾身如羊毛青色如鶴脚爪甚利好食火炭遂名火雞用棍朴擊莫能死出舊港國

火雞山鳳

火雞出蒲剌加山谷大如鸛多紫赤色能食火吐氣亦煙燄也子如鵞鳥胎殼厚踰重錢或斑或白島夷採爲飲盞見者多珍奇之山鳳啄首如鶴項足率七八尺趐翮過之能吞衆鳥敵人而啄其腦若刀斧然子大如椰瓢近時暹羅哪嗟挾一以餉盤撿悅之倩巧匠裁爲酤瓠市井誇謂僅見也

駝雞

山中亦出駝雞土人捕捉來賣其身區頸長如鶴脚高三尺餘每脚只有二指毛如駱駝喫菉荳等物行似駱駝单峰雙峰俱有人皆騎坐街中亦殺賣其肉

出祖法兒國

⿰章鳥雞

余通海湖中有鳥名曰⿰章鳥雞金頂紅嘴其色類鴉其形類鷺每來於三月初三日以前而去於九月初九日以前香脆柔美其味甲于水陸之鳥雖骨亦可嚙而啖之亦南中之信鳥食品之珎奇者也先階臣吾

土者寄詩於家君輩有云康郎不入湖大頭不入海十年萬里滇雲夢惟有鵝雞沒處買康郎大頭亦二魚名此鳥來則夜至群飛之聲如雷去則不食諸物但於洲渚間淘沙而食欲其體輕瘦可高舉以避繒繳

杉雞

杉雞黃冠青綬常在於樹下

竹雞

聲若云姑惡相傳懶婦死於姑而化

雞

雞或乙丙夜輙鳴者俗謂之盗啼云行且有赦盖海中星占云天雞星動爲有赦故後魏北齊赦日皆設金雞揭于竿至今猶然亦曰盗啼爲有火

海雞

海雞毛色如家雞惟雙足鱉類爾

南郡鵝

桓南郡小兒時與諸從兄弟各養鵝共鬪南郡鵝每不如甚以爲忿迺夜往鵝欄間取諸兄弟鵝悉殺之既曉家人咸以驚駭云是變怪以白車騎車騎曰無所致怪當是南郡戲耳問果如之見世說新語

桑飛

背雜綠衣繡眼

謾畫

瀛之水有鳥曰謾畫類鶖奔走水上不問水腐泥沙必喫喫然盡索之而後已無一息少休

鶡鳥

方言鶡鳥似雞五色冬亦無毛常赤倮晝夜常鳴好自低昂

萬鴨

桂林記曰富楊庭畜鴨萬隻每飼以米五石遺毛覆

地
政和間川人楊傑朝散知齊之長清縣其家鴨卵破之得一物長寸餘如人形作男女相屈一足眉目口鼻手足腰腹悉具被髮垂頸乃腊之既枯而脇骨楚楚皆隱起與人無異亦怪矣見四十家小說

五鳩

嚴氏曰左傳郯子五鳩備見詩經睢鳩氏司馬此睢鳩是也祝鳩氏司徒鵻鳩也四牡嘉魚之鵻是也鳲鳩氏司空布穀也曹風之鳲鳩是也爽鳩氏司寇大明之鷹是也鶻鳩氏司事鷽鳩也即小斑鳩小宛之

鳴鳩與䲹食桑葚之鳩是也左傳鵻作鶻杜預云摯而有别故爲司馬主法則鶻音骨鸞音學

雎鳩死别

北湖嚴君問寮友楊古崖泊舟瞿塘舟子獲一雎鳩厥偶匝舟鳴號不已將烹之飛者隨投沸釜同絶時同舟者共讓舟子而投二雎鳩于江見芸心聞見録

鳩

八十九十禮有加賜玉杖長尺端以鳩鳥爲飾鳩者不噎

知禽鳥語

元時有麥宗者通安州麼些人生七歲不學而識文字偶入玉龍山中見石盎中水飲之遂知禽鳥之語一日羣鴉在林有稚南來哀鳴甚急群鴉從之哀鳴宗曰此雄鴉爲白沙里人所弋迹之果然長而百蠻諸夷之書無不通曉鄯闡國稱爲異人云見麗江府雜志

余讀夷隸職掌與鳥言貉隸職掌與獸言及介葛盧來朝聞牛鳴曰是生三犧皆用矣東方介氏之國其國人數數解六畜之語者絫典廷尉沈僧照嘗出獵中道而還左右問故答曰向聞南山虎嘯知國家有邊事須還處分俄而使至益部者舊傳楊

宣爲河西太守行縣有群雀鳴桑樹上宣謂吏曰前有覆車粟此雀相隨欲往食行數里信然魏志管輅在安德令劉長仁許聞雀鳴閣屋上曰雀言東北一婦昨殺夫牽引西家人日在虞淵告者至矣到時告者果至宋史孫守榮嘗出入丞相史嵩之門一日值庭鵲噪守榮曰來日晌時當有寶至及期李全以玉柱斧爲貢遼史太宗時宗室人名神速姑者能知虵語成子名武丁吾鄉人神仙傳載其在長沙異人授以一書遂通天下鳥語獸音翰斧名談時近清明將吏驅羊二十餘頭後一羊

鞭之不動太守問羊不行有說乎曰羊言腹有羔將產然後就死守乃留羊一月餘果生子高緯貽略和菟有鳥鳴書一卷王喬有解鳥語一卷若詹何廣漢翁偉之事不可勝書未嘗不如嵇中散所見也及展雲南一統志覽麥宗之故事方信傳史垂後未嘗少欺而以牛鳴爲先儒妄說者抑陋矣

五鳥叙倫圖

白都憲公以周詩内鳳鳴高岡鶴鳴子和鶬鶊在原雎鳩在洲鳥鳴嚶嚶爲有君臣父子兄弟夫婦朋友之義繪爲一圖命之曰叙倫系之以詩曰名稱各異

羽毛殊物性天成自可娛世降道微風俗薄安能家
有叙倫圖
禽經云風翔則風雨舞則雨霜飛則霜露翥則露
風鵟類霜鷫鸘也露鶴也皆禽名雨則霜羊獸也

四名甚奇

麒麟

麒麟前兩足高九尺餘後兩足高六尺長頸擡頭高
一丈六尺首昂後低人莫能騎頭生兩短肉角在耳
邊牛尾鹿身蹄有三路匾口食粟荳麪餅

龠耳

周宋昌中涪州多虎暴有一獸似虎而絶大逐一虎噬殺之録奏稱瑞應圖乃酋耳也不食生物有虎則殺之見朝野僉載

海犀

海犀間出海上類野兕而額鼻有角與陸犀同所遊止處水爲分裂夜則淵面白光熒熒此其異也島夷以是候之然竟無獲者遂爲希世之物矣舊說温嶠燃犀照水神怪莫遯即其角也錢吴寶庫有水犀帶一具國亡流落人間不知所終云又野犀有名通天者角表夜光如炬亦奇物也見海語

犀角

其犀角如水牛之形大者有七八百觔蒲身無毛黑色俱是鱗甲紋癩厚皮脊有二路有一角生於鼻梁之上長一尺四五寸不食草料惟食刺樹葉并指天乾木拋糞如染坊蘆黄色

象

象嗜稼凡引類于田必次畝而食不亂蹂也未旬即數頃盡矣島夷以孤豚縛籠中懸諸深樹孤豚被縛喔喔不絶聲象聞而怖又引類而遁不敢近稼見海語

獅子吼

肇曰獅子吼無畏音也凡所言說不畏群邪異學諭獅子吼衆獸下之獅子吼曰美演法也

獅子筋爲琴絃其聲一奏一切餘絃悉斷 取牛羊驢馬諸乳置一器中若將獅子乳一滴投之一切諸乳悉化爲水 見安樂集

黄丈鬼

異苑廣州治下有黄丈鬼出則爲祟皆着黄衣至人家張口而笑必得疫雙槐集香山深林中往往有物如嬰兒而躶自藤蘿中携手魚貫而下相挽不斷見人輙笑至地而滅土人呼爲赤蝦亦無所怖予親見

之

草上飛

草上飛番名昔雅鍋失有大犬之形渾身儼似玳瑁斑猫樣兩耳尖黑純不惡若獅豹等項猛獸見他即伏於地乃獸之王也

猓然

叚氏蜀記出戎州蠻界其皮宅褐若三色相間

猓然死難

有獸名猓然似猴而差大行則大者前小者後有射中者則生者拔死者箭自刺而死可謂仁義之獸

見夷堅續志

驨

驨爾雅云驨如馬一角者騏驨音攜郭云元康八年九真郡獵一獸大如馬一角角如鹿茸此卽驨也今深山中人時或見之亦有無角者見通志昆蟲略

七名馬

秦始皇有七名馬追風白兔躡景奔電飛翮銅雀晨鳧見崔豹古今註

五花馬

唐詩朝騎五花馬又五花馬千金裘杜詩蕭蕭千里

馬箇箇五花文隋丹元字步天歌五箇花文王良星馬鬛翦爲五花或三花皆象天文王良星義也白樂天詩馬鬛翦三花唐六典云外牧歲進良馬印以三花飛鳳之字見丹鉛餘錄

馬之爲物最神駿故古之詩人畫工皆借之以寄其精工若杜工部蘇東坡諸詩極其形容殆無餘巧余又愛杜公作九馬贊云姚宋廟堂李郭治兵帝下毛龍以馭群英何其雄偉也李壽長編載元祐西域貢馬云龍顱而鳳膺虎脊而豹章振鬛長鳴萬馬皆瘖句亦奇矣

叱撥

唐詩紫陌亂嘶紅叱撥叱撥馬名宋群牧判官王明上群牧故事六卷中載九龍十驥之名西河東門之骨法無不具焉其說馬之毛色九十一種又云叱撥之別有八曰紅耳叱撥曰鴛鴦叱撥曰桃花叱撥曰丁香叱撥曰青叱撥曰騮叱撥曰楡叱撥曰紫騮叱撥又曰北方馬以叱撥及青白紫純色綠鬃騮爲上驄赤驃騧白赤色爲中荏騟驄駱駮鸛爲下

相馬經

耳欲銳而小如削筒　鳳臆龍鬐言馬臆如鳳馬鬣如龍眞良馬也

山馬

形如鹿差黑二角眼下復有二眼日閉夜開以燭物

海馬

海馬色赤黃高者八九尺逸如飛龍山食而宅海蓋龍種也東南島夷老於泛海者間一見云見海語

海馬骨

徐鉉仕江南日嘗至飛虹橋馬不進以問杭僧贊寧寧曰下必有海馬骨水火俱不能毀惟漚以腐糟隨毀者乃是鉉斸之得巨獸骨試之果然鐵碪鍛金銀百十年不毀以椎皂角則一夕破碎鞭捶馬愈久愈

潤以擊犬隨即折裂凡欲鐵器破折以鋼砂炎鹽滷罨之一晝時其鐵則酥軟

海驢

海驢多出東海狀如驢船估有得其皮者毛長二寸許晴則毿毿下垂陰則耄綵整整也或以製卧褥善人御之竟夕安寢不善人枕籍魂乃數驚矣島夷誌其靈不敢著也見海語

兕

爾雅曰兕似牛青色重千觔一角長三尺餘形如馬鞭柄其皮堅厚可制鎧見通志昆蟲略

牛

禮曰一元大武其聽以鼻

海邊山內野水牛甚狠但見生人身穿青者必趕來抵觸而死出占城國

## 相牛經

牛岐胡壽岐牽兩腋下分爲三眼去角近行駛眼欲得大眼中有白脈貫瞳子行最快頸骨長且大壁堂欲得濶脚股間也蹄欲得如縱馬馬驟而去也膺庭欲得廣胸前天關欲得成背接骨儁骨欲得垂脊中央欲得下蘭株欲得大尾株豐岳欲得大膝骨種頭欲得高百體欲得緊垂星欲得有怒肉蹄上巴肉覆蹄間名怒肉力性欲得大而成當車骨也懸蹄欲得如八

字陰虹屬頸（陰虹者有雙筋白尾骨屬頸）▮陽鹽欲得廣（陽鹽者夾尾株前兩膁上）常有聲似鳴者有黃也洞胡無壽珠淵無壽（毛當目下也）上池有亂毛妨主凶（角中央也）身欲得促形欲得如卷大膁疎肋難飴龍頭突目好跳豪筋欲得成就（腳後橫筋）毛欲得短密若長疎不耐寒氣尾不用至地尾毛少骨多者有力膝上肉欲得豎角欲得細鼻如鏡則難牽口方易飴豢府方易飴水牛肚大尾青最有力

竹牛

西夏有竹牛重數百斤角甚長而黃黑相間用以製弓極佳尤且健勁其近弝黑者謂之後醮近稍近弝

俱黑而子面黄者謂之玉腰夏人常雜犀角以市焉人莫有知往時鎮江裨將王詔遇有鬻犀帶者無他文但峰巒高低繞人腰圍耳索價甚高人皆不能辨惟辛太尉道宗知此竹牛也爲子則貴爲他則不足道耳

及牛

玄中記大月支及西域胡有牛名曰及牛今日割取其肉三四觔明日其肉已復創即愈也華文莊盛水東日記莊浪有饕羊土人歲取其脂非久復滿腹盖地接西蕃偏方氣使然爾文莊嘗官陝西所言必其

所見春使節經武威時恨不及詢之饕羊可與及牛對葉

角端

元太祖西征至印度遇大獸其高數十丈角如犀牛作人語曰此非帝世界宜速還耶律楚材進曰此名角端乃旄星之精也聖人在位斯獸奉書而至日馳萬八千里靈異如鬼神不可犯也見宛委餘編

神鹿

神鹿大如巨猪高三尺許前半截甚黑後半截白花毛純可愛嘴如猪嘴不平四蹄如猪蹄脚有三路止

食草木不食腥

福鹿

福鹿如騾之樣一身白面眉心細細青條花起滿身至四蹄條間遍如畫青花白駝雜如福禄一般

由鹿哀類

正元丁卯歲予南出穰樊之間遇野人縶鹿而至者問之答曰此爲由鹿以此鹿以誘至群鹿也備言其狀且曰此鹿每有所至輒鳴嘷不食者累日余喟然嘆曰虞之即鹿也必以其類致之人之即人也亦必以其友致之實繁有徒古之然矣嗟乎鹿無情而猶

知痛傷人之與謀實安殘酷者彼何人斯彼何人斯

見呂温由鹿賦序

## 鹿女

雜寶藏經鹿女夫人緣雪山邊有一僊人名提婆延是波羅門種常隨石窟有一雌鹿來舐小便即有娠生一女子華裹其身既能行脚踏地處皆蓮花出婆羅門法夜恒宿火偶值一夜火滅至他處會從乞火他人見其蹟有蓮花得火還值烏提延王遊獵見彼舍人有七重蓮花王恠而問即答王言山中梵志女見是女妹妙語仙人云與我此女王遂立爲夫人王

大夫人甚妬鹿女其後不久生五百卵

星虎

山出星虎如中國之虎畧大其毛異色亦有暗色花紋黄虎亦内有虎變人入市混人而行自有識者擒而殺之出蒲喇加國

飛虎

山林中出一等飛虎如猫之大遍身毛灰色有肉翅如蝙蝠翅一般前足肉翅生連後足能飛不遠人或有裝得者不服家食卽死出啞魯國

榜葛剌國有一等人同其虎坐於地其人赤體單

稍對虎跳躍拽牽拳將虎踢打其虎性發作威吼嗽勢猛其人與虎對陣數次其人又以手拳头伸入虎口直至喉亦不咬他戲畢仍鎖虎頭虎伏於地討食其家則以肉啖之及賞錢物去

忽魯謨斯國忽魯波斯國其羊有四樣一等大毛綿羊每箇重七八十觔尾長二尺一等閗羊高二三尺前半截毛拖地後半截皆剪淨其头面似綿羊角彎轉朝前上帶小鐵牌行動有聲此羊快闘好事之人喂養在家闘賭財物爲戲

黿虎相持

南武選楊次泉嘗云安陸陂澤中多巨林叢葦水涸則虎豹處其中一日鄉人遥見一虎倒懸於樹聲震林木集衆視之迺一巨黿曝日于樹虎不知以尾掉之爲黿所含搏攫不能脫遂爲衆所得見芸心聞見録

二虎拾柴

鄭思遠少爲書生善律曆候緯晚師葛孝先受正一法文三皇内文五嶽眞形圖太清金液經洞玄五符入廬江馬迹山居仁及鳥獸所住山虎生二子山下人格得虎母虎父驚逸虎子未能得食思遠見之將還山舍養飼虎父尋還依思遠後思遠每出行乘騎

虎父二虎子負經書衣藥以從時於永康横江橋逢相識許隱其爨樂洒虎即拾柴然火隱患齒痛從思遠求虎鬚欲求熱挿齒間得愈思遠爲之拔之虎伏不動見真僊體道通鑑

良逸常巳負兩束新以奉母或自有故不及往即弟子代送之或傳寺衆晨起見一虎在田媪門外走以告媪媪曰毋怪應是小師使致柴耳見語林

山東無虎浙江無狼廣東無兎蜀無鴿

說虎軒

東吳都卬曰宋鄉先生范文穆公愛談虎事嘗搆一

軒榜曰説虎

獏

圖經本草云黔蜀中有貘土人山居鼎釜多爲所食其齒骨極堅以刀釜椎鍛鐵皆碎落火亦不能燒人得之許作佛牙佛骨以誑俚俗然春未聞畢竟何物可制之也

龍羊

出吐蕃及威茂州形似葛羊而大其角用繚上重八九兩黑質而白文工以爲帶胯其用亂犀

麢羊

氏埤雅曰麢羊類羊青而大其角長一二尺有如指極堅勁夜則懸角木上以防患語曰麢羊掛角此之謂也今用之以角有掛痕者良

## 山獺

世傳補助奇僻之品有所謂山獺者以少許磨酒飲之立驗然本草醫方皆所不載止見桂海虞衡志獺性淫毒山中有此物凡牝獸悉避去獺無偶其骨能解箭毒殺死者功力劣抱木枯死者土人自稀得周子功嘗使大理經南丹州即此物所產之地其土人號之曰插翹一枚直黃金數兩私貨出界者罪至死

方春時徭女數千歌嘯山谷以尋藥挑菜爲事性淫或聞婦人氣必躍升其身次骨而入牢不可脫因扼殺而藏之土人驗之之法每令婦人摩手極熱取置掌心以氣呵之卽趯然而動蓋爲陰氣所感故耳人得其一則立可致富中州多僞以猴胎鼠璞爲之

猫牛

北人嘗云猫不過楊子江言猫過金山則不復捕鼠厭者至金山剪一紙猫投水中則不忌南人嘗云牛不過嘉興金牛橋過者卽死厭者牽之涉水而渡則不忌牛未嘗驗猫則於韓克贊兄處嘗汝寧帶囘一

猫過江果不捕鼠一古亦有云鴝鵒不渡濟橘不渡淮於此事頗同

猫

鼻常冷夏至一日煖旦暮目睛圓午斂如線

獑猢

寰宇記戎州夷地獑猢似猿而四足短一騰一百五十步迅如鳥飛出叙州府

金線猿

元周公謹癸辛雜志舉言之云武平素產金線猿大者難馴小者其母抱持不少置法當先以藥矢斃其

毋毋既中矢度不能自免則以乳汁遍灑林葉間以飲其子然後墮地死邑人取其毋皮痛鞭之其子亟悲鳴而下束手就獲盖每夕必寢其皮而後安不則不可育

爪哇國其港口有一州林木深茂有長尾猢猻萬數聚止於上有一黒色老雄猴爲主脚一老番婦人隨側其國中婦人無子嗣者備葷酒飯餅之類往禱於老猴喜則先食物餘令衆猴食爭奪食盡其物即有雌雄二猴來前交感爲驗此婦回家即便有孕否則無孕也甚爲可奇

猳玃

多融山有物似獼猴長七尺能人行健走名曰猳玃一名馮化同行道婦人有美者盜之

跳兎

契丹北境有跳兎形皆兎也但前足纔寸許後足幾一尺行則用後足跳一躍數尺止則蹶然仆地生於契丹慶州之地大漠中予使虜日捕得數兎持歸蓋爾雅所謂蟨兎也亦曰蛩蛩巨驉也

竹兎

竹兎小如野兎食竹葉

## 贙

贙有力贙呼犬反郭云西海大秦國有養者似狗多力獷惡見通志見蠡略

## 木狗

木狗形如鬼車能登木其皮可爲衣褥能運動人身氣血昔閩世皇有足疾取其皮爲袴故人貴之也

至正二十一年昆明縣玉案山下產赤小犬色如火羣吠遍野見永昌府雜志

## 海狗

海狗純黃形如狗大乃如貓嘗羣遊背風沙中遥見

船行則沒海漁以拔獲之盖和其腎也毀胃工以爲郎膃肭臍云按本草膃肭出西戎豕首魚尾而二足圖經云黃毛三莖一竅恐別種也見海語

天鐵熊治盜

唐高宗時伽毗葉國獻天鐵熊大如狗蒼色作聲諸竅皆沸能擒白象獅子虎狼髀音陛髀骨也股也

熊膽

出太行山詩義疏曰熊能攀援上樹見人則顛倒投地而下圖經云膽味極苦古人和丸以自刻厲節此也

玉面貍

玉面貍謂之風貍止食山果而乘風過枝甚捷味獨勝他貍宜糟食尤佳

文貍

楚辭九歌乘赤豹兮載文貍王逸注云神貍而不言其狀按山海經亶爰之山有獸焉狀如貍而有髦其名曰類自爲牝牡余在大理嘗見之其狀如貍其文如豹土人名曰香髦疑即此物也星家衍心星爲狐二十八宿眞形圖心星有牝牡兩體其王逸所謂神貍之說乎

野婆知過

南丹有獸名野婆黃髮椎髻跣足躶形儼然一媪也其羣皆雌無匹偶上下山谷如飛猱自腰以下有皮蓋膝每遇男子必負去求合嘗盜人子女復至其家窺伺之其家知爲所盜大罵則挾以還之嘗爲健夫所殺至死以手護腰間剖之得印方寸瑩若蒼玉字類符篆不可識蓋自然之文也見齊東野語

嬾婦

嬾婦如山豬而小喜食禾田夫以機軸織絍之器掛田所則不復近廣右安平七源等州有之見桂海虞衡志

肝

後漢閔仲叔居安邑家貧不能得肉日買猪肝一片屠者不與安邑令聞勑吏給焉仲叔曰豈以口腹累安邑哉遂去

壬癸席

河東備録甲王謂猪即供飱不宜處於穢褻乃以氈龕粟粥待之取其毛刷浄令巧工織壬癸席光而且滑

豪豬

師古曰豪豬一名帚豲也自爲牝牡者也豲音桓邕州

山猪卽豪豬身有棘刺

馬八尺爲駥　狗四尺爲獒　豕五尺爲豟

羊六尺爲羬　牛七尺爲犉

華陽洞小兒化爲龍

茅山隱士吳綽素擅潔譽神鳳初因採藥於華陽洞口見一小兒手把大珠三顆其色瑩然戲於松下綽見之因前詢誰氏子兒奔忙入洞中綽恐爲虎所害遂連呼相從入欲救之行不三十步見兒化作龍形一手握三珠塡左耳中綽素剛膽以藥斧斸之落左耳而三珠已失所在龍亦不見出不十餘步洞門閉

矣綽後上皇封素養先生此語賈宣伯說（見龍城錄）

魚舅

魚舅味極佳惟嘉州有之

鵞毛魚

東海集鵞毛魚不用網罟夜二人乘一小艇張燈艇中魚見燈光輒上艇須臾而盈多則滅燈否則艇不能勝矣

鼠鮎

黎暹鼠鮎說海有魚曰鼠鮎善食鼠每揭尾沙際以紿鼠鼠見之以為彼且失水矣舐其尾將食之鮎條

轉首厲齒撮鼠入水以去狼藉其肉羣蝦皆食之夫
穴居巢屋者鼠也居高者潛淵沬潭者鮎也處下者
也嚮使居高者食以其位而不下求其可免矣今若
是悲夫

鯉魚

曹植記其始言取鯉魚一雙令一含藥俱投沸膏中
有藥者遊行浮沉有若處淵其一者已熟而可噉植
問之可試否其言是藥去此萬里非自行不能得也
按抱朴子書礬石一把內活魚口與無藥俱投沸膏
中猛火之上其銜藥者浮戲洸瀁不死無藥者已就

靡爛二公皆以此明仙家服食之効也礬石今在處有之未試而茸必欲取於萬里外豈非礜之類耶

妾魚

古者一國嫁女同姓二國媵之儀禮有媵爵謂先飲一爵後二爵從之也楚辭魚鱗鱗兮媵予江海間有魚遊必三如媵隨妻先一後二人號爲婢妾魚唐詩江魚羣從稱妻妾塞鴈聯行號弟兄

馬鮁魚

馬鮁魚切成手臂大塊淡晒乾倉屋收貯各國亦販買他處賣之名曰溜魚出溜山國

抱石魚

出於山溪背偃而腹平其大如指常貼於石上士人取之爲腊出建寧府

楓葉魚

海物異名記海樹霜葉風飄浪翻腐若螢化厥質爲魚故名楓葉魚出興化府

班

野池中多有之鱗煩粲露故云春夏孕子常數千百輒自食之殆盡留二子

戴帽魚

安南國有一種魚鋭首無鱗有骨若插箭然味似河豚名戴帽魚

海鯊

鯊有二種魚麗之鯊盖閩廣江漢之常産海鯊虎頭鯊體黑紋鱉足巨者餘二百斤嘗以春晦陟於海山之麓旬日而化爲虎惟四足難化經月乃成矣或曰虎紋直而踈且長者鯊化也炳炳成章者常虎也

鮇魚

出蜀江背鱗黑而膚理似玉蜀人以爲鱠味美

沙緑魚

魚之細者生隈瀨中狀若鰡大不五寸美味蜀人珎之

麥魚

其形銳小似麥可愛縣四十里上溪潭出遡流至石人瀨下形漸大越此則化蜻蜓飛去里人最珎之見東流縣志

王鮪

王鮪魚名也居山穴中長老言王鮪之魚由南方來入此穴中入河水見日目眩浮水上流行七八十里釣人見之取之以獻天子用祭其穴在河南小平山

油魚

油魚穴在州南二十里中秋則魚肥長僅二三寸十月望則絶 見雲龍州志

龍王兵

普河魚池在趙州東北五里池中多魚人不敢捕云龍王兵也 見雲龍州志

蟹志

蟹始窟穴於沮洳中秋冬交必大出江東人云稻之登也率執一穗以朝其魁然後從其所之蚤夜𩰪沸指江而奔漁者緯蕭承其流而障之曰蟹斷 鍛斷 短

其江之道焉爾然後扳援越軼遯而去者十六七旣入于江則形質寖大於舊自江復趨于海如江之狀漁者又斷而求之其越軼遯去者又加多焉旣入于海形質益大海人亦異其稱謂矣見唐甫里文集

百足蟹

善苑國出百足蟹長九尺四螯煎爲膠謂之螯膠勝鳳喙膠也

章舉

亦呼章魚足長數寸獨二足長尺許而各竅綴肉如臼自吸物絶有力能就淺水佯死鳥信而喙之則舉

其足以取螃蠏尤苦其毒遇海濤急以長足自碇石自固今之船碇效焉墨魚雖類有骨亦不觧攫烏但欲有趨避哄墨溷水自隱則同見陽江縣志

海扇

海中有甲物如扇其文如瓦屋惟三月三日潮盡乃出名海扇

蠃

蠃之類多爾雅云蠃小者蜬郭云螺大者如斗出日南漲海中可以為酒杯按今所謂鸚鵡杯者出南海

蚌

蚌之類多爾雅云蜃小者珧卽小蚌也一名玉珧可餙佩刀削詩傳云天子玉琫而珧珌是也山海經激女水中多蜃珧今廣州東南道極多人取以摩作碁子鬻之見通志昆蟲略

苟印

狗毋蛇主註膏滴耳令左右洽治久聾

西施舌

一名西施舌中有小蟹產番禺沙灣海嶺表録異海鏡二殼相合以成形者外圓而中甚瑩潔中有紅蟹子饑則蟹出拾食蟹歸腹則海鏡亦飽恐亦沙螺之

類也　予寓漳浦見之形似淅鯉以爲外圓者誤也

神鰕

天聖元年州漁人得之海中長三尺餘前二鉗二寸許末有紅鬚漬尺餘首如數升器若繪畫狀雙目十二足文如虎豹大率五彩皆具而狀魁梧尤異中使吳仲華繪其象以聞詔改名神鰕晏元獻公賦其事見文集

瑇瑁

瑇瑁龜類也出廣南身似龜首觜如鸚鵡腹背甲皆有紅點斑文大者如盤應劭曰雄曰瑇瑁雌曰蟕蠵伊尹請正西

以神龜爲獻正南以瑇瑁爲獻　白多黑少者價高

但黑斑多者不爲奇

海𧴩

海𧴩被人採積如山淹爛內肉轉賣暹羅榜葛剌國當錢使用出溜山國

貝

貝至徑尺則寶也狀如赤電黑雲謂之紫貝素質紅黑謂之朱貝青地綠文謂之綬貝黑文黃畫謂之霞貝紫愈疾朱明目綬消氣障霞伏蛆蟲黑白各半曰伏貝使人寡欲無以近婦人黃脣點齒有赤駮白濯

貝使人善驚無以親童子赤帶通脊曰瞬貝使胎消毋以近孕婦赤熾肉慈赤絡曰彗貝使人健忘赤鼻青脣曰醬貝使童子愚女人淫脊上有縷句脣曰碧貝使童子盜赤中圓曰委貝使人志强右見相貝經愛月齋叢抄以不見此經為恨故記其數端見稗史危言

塢宮

嚴助相貝經曰堯懸貝軷於塢宮貝轂以貝飾轂也塢宮他書亦未見

綠毛龜

背有綠毛浮水中則泛起處壹置壁間數年不死能辟

飛塵至冬多闕死　大者龜鼈之屬純雌而無雄

## 金龜子

俗呼紅娘五六月生于蔓草上大於榆莢細視其背金龜子行則成雙死則金色隨滅如螢失火亦有其五色者外方作下氣强陰之用妝以養粉與粉相宜

## 海鰍

淳熙五年八月出於寧海縣鐵場港乘潮而上形長十餘丈皮黑如牛揚鬐鼓鬣噴水至半空皆成烟霧人疑其龍也潮退閣泥中不能動但睛嗒嗒然視人兩日死識者呼爲海鰍爭斧其肉煎爲油以其脊骨

作臼自是海濵人多患疫焉見赤城志

海鰌

海鰌長者亘百餘里牡蠣聚族其背曠歲之積崇十許丈鰌負以遊鰌背平水即牡蠣峍屼水面如山矣舺猝遇之如當其首輒震以銃砲鰌驚徐徐而没稍漩渦數里舺舶顛頓久之乃定人始有更生之賀

讀書蟆

余曾見一胡僧持竹器畜蝦蟆數十于中備寸阜數面名之曰讀書蟆每命之讀設一席于上若僧席然左右各設弟子席皷之坐一巨蟆蹺于師座羣蟆隨

列弟子位鼓之讀則螟師先聲群弟子應聲而鳴宛若一堂書聲也鼓之止鼓之入則巨者先止先入

鼃

背青綠色韓昌黎詩云一夜青鼃鳴到曉即此又有黃文者謂之金線鼃

蟾蜍

埤雅云吐生腹大背黑皮上多痱磊跳行舒遲其肪塗玉則軟刻削如蠟本草所謂能合玉石者也又曰蝦蟇一名蟾蜍蓋蝦蟇背有黑點身小能跳接百蟲善鳴與蟾蜍不類　萬歲蟾蜍頭上有角頷下有丹

書八字體重

負蠜

春秋嚴公二十九年有蜚劉歆以爲蜚負蠜也劉向以爲非中國所有南越盛暑男女同川澤淫風所生是時嚴取齊淫女爲夫人旣入淫於兩叔故蜚至按負蠜中國所生不獨出南越見史通

蜂

蜂純雄無雌在房只呪而化其尾有刺獨爲王者無之見列子山義

蜘蛛

海蜘蛛巨若丈二車輪文具五色非大山深谷不伏也遊絲隘中牢若絙纜晨輝照耀光皦燁燁虎豹麋鹿間觸其網蜘蛛益吐絲如縞霞纏糾卒不可脫俟其斃腐乃就食之舶人欲樵蘇者率百十其徒束炬而往遇絲輒燃紅遍山谷如設庭燎蜘蛛潛愈邃窗惟恐其及也或云取其皮爲履不航而涉豈其然歟

螳螂

齊莊公出獵有螳螂舉足將搏其輪問其御曰此何蟲也御曰此是螳螂也其爲蟲知進而不知退不量力而輕就敵莊公曰以爲人必爲天下勇士矣於是

廻車避之而勇士歸之見韓詩外傳

叩頭蟲

霍小玉傳有叩頭蟲按異苑曰有小蟲形色如大豆呪令叩頭又使吐血皆如所教然後請放嵇穎輒七十而有聲傳咸有叩頭蟲賦見秕莊巵言

螠

蟲名螠奴於絲髮上自經而死故縊傍猶益螠一名縊女物性固有如此者見秕莊巵言

蛤蚧

首如蟾蜍背淺綠色上有土黃斑點若古錦長尺

餘尾絶短其族則守宮蜥蜴蝘蜓多居古木竅間其鳴聲絶大又有十二時亦其類也大者一尺尾長於身傳云旦至暮變十二般色傷人必死愚常獲一枚閉於籠中玩之止見變黄褐赤黒四色

金蟲

出利州山中蜂體緑色光若金里人取以左婦釵鐶之飾云

金蠶毒

金蠶毒始蜀中近及湖廣閩粤浸多有人或舍去則謂之嫁金蠶率以黄金釵鐶錦段置道左俾他人得

焉鬱林守爲吾言嘗見福清縣有訟遺金蠶蠱者縣官治求不得蹤或獻謀取兩刺蝟入捕必獲矣蓋金蠶畏蝟蝟入其家金蠶則不敢動雖匿榻下墻罅果爲兩蝟擒出之亦可駭也

禾蟲

海田當秋成時多禾蟲隨潮浮水上如蠶而微紫小民縄以絡布取之盈艇而歸味甚可食市之獲利至有爭訟者

蜈蚣蝴蝶

物之瘦者蜈蚣輕者蝴蝶嶺南異物志見有物如蒲

帆過海將到舟競以物擊之破碎墜地視之乃蝴蝶也海人去其翅足稱肉得八十斤噉之極肥美葛洪遐觀賦蝦蚣大者長百步頭如車箱屠裂取肉白如瓠南越志云大者其皮可以鞔鼓其肉爆為脯美於牛肉見宛委餘編

李司徒勉在汴州得異骨一節可為硯南海時得於海商云是蝦蚣脊骨

## 黃蝶

蝴蝶或白或黑或五彩皆具惟黃色一種至秋乃多蓋感金氣也李白詩八月蝴蝶黃深中物理今本改

黄爲來何其淺也白樂天詩亦云秋花紫濛濛秋蝶黄茸茸

蠹化

橘之蠹大如小指首負特角身蹙蹙然類蠐螬而青翳葉仰齧如饑蠶之速不相上下人或振觸之輒奮角而怒氣色桀驁一旦視之凝然弗食弗動明日復往則蛻爲蝴蝶矣力力拘拘其翎未舒襜黑蠕蒼分朱間黄腹填而橢（音墮）緌纖且長如醉方寤附枝不揚又明日往則倚薄風露攀緣草樹聳空翅輕瞥然而去或隱蕙隙或留篁端翩旋軒虛颺曳粉拂甚可愛

也須电杷畚網而膠之引絲環纏牢若桎梏人雖甚怜不可解而縱矣見唐甫里文集

巨蟻

馬緒謫潮得巨蟻長尺餘鹽漬之歸誇北人

異苑栢謙太元中見有人皆長寸餘被鎧持槊從埳中出緣機登竈蔣山道士令以沸湯澆所入處寂不復出因掘之有斛許大蟻死在穴中

歌女

蚯蚓長吟地中江東謂之歌女

鉤蛇

先提山有鉤蛇長七八丈尾末有岐蛇在山澗水中以尾鉤岸上人牛食之水傍瘴氣特惡氣中有物不見其形其作有聲中木則折中人則害名曰鬼彈郡有罪人徒之禁防不過十日死也

江中物怪

歲五六月闌滄江中有物黑如霧光如火聲如析木破石觸之則死或云瘴母也文選謂之鬼彈內典謂之禁水此惟江邊有之郡治絕無見順寧府雜志　岑樓慎氏曰鬼彈二字續博物志與雲南一統志不同故併記之以俟識者取正云

蚺蛇

武宗初年嘗宿豹房劉瑾等以蚺蛇油萎其陽是以不入內宮蚺蛇幾年萎如之後十五年幸劉姬甚寵之呼劉娘娘阻幸浙且促回鑾後善終

黃鼠

北方黃鼠穴處各有配匹人掘其穴者見其中作小土窖若床榻之狀則牝牡所居之處也秋時畜黍菽及草木之實以禦冬各爲小窖別而貯之天氣晴和時出坐穴口見人則拱前腋如揖狀即竄入穴韓孟聯句所謂禮鼠拱而立者是也惟畏地猴地猴形極

小[illegible][illegible]蓑之縱入其穴則嚙黃鼠喙曳而出之味極
肥美元朝恒有玉食之獻置官守其處

物能復本形者則不言化月令鷹化爲鳩則鳩又化
爲鷹田鼠化爲鴽則鴽又化爲田鼠其不能復本
形者則不言化如腐草爲螢雉爲蜃爵爲蛤皆不
言化也

鼠獄鷄碑

丁晦芝之田録序有學懶鼠獄習之鷄碑之句鼠獄人
皆知張湯故事至雞碑宋人引宣室志云元和初裴
晉公征吳元濟至境上因發地得石刻有雞未肥酒

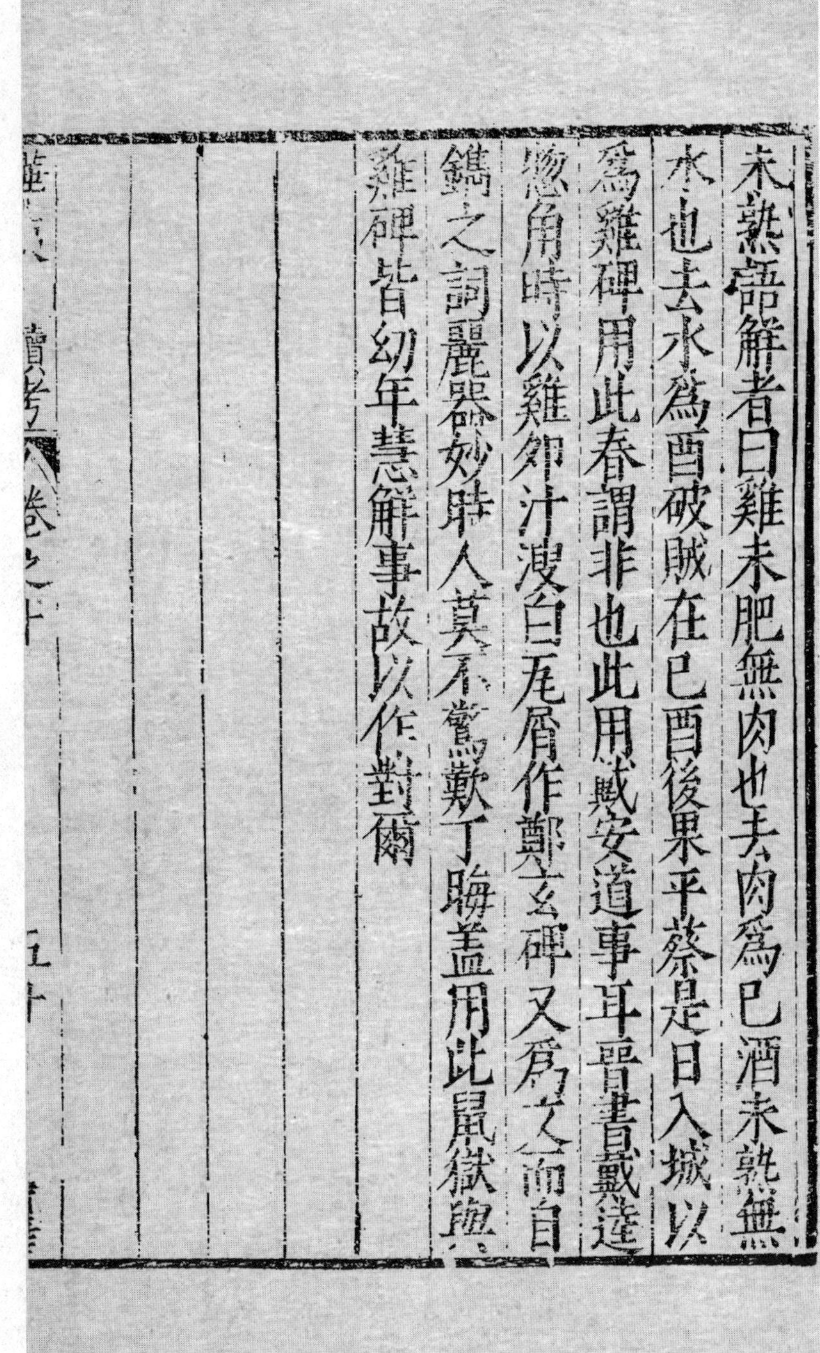

未熟語解者曰雞未肥無肉也去肉爲巳酒未熟無
水也去水爲酉破賊在巳酉後果平蔡是日入城以
爲雞碑用此春謂非也此用戴安道事耳晉書戴逵
總角時以雞卵汁溲白瓦屑作鄭玄碑又爲文而自
鐫之詞麗器妙時人莫不驚歎丁晦蓋用此鼠獄與
雞碑皆幼年慧解事故以作對爾

# 華夷珎玩續考卷之十一

吳興郡山人愼懋官選集

## 骨咄犀

契丹重骨咄犀犀不大萬株犀無一不曾作帶紋如象牙帶黃色止是作刀把已爲無價天祚以此作兎鶻中國謂之揷垂頭者腰條皮　骨篤犀出西蕃其色如淡碧玉稍有黃其紋理似角扣之聲清如玉磨刮齅之有香燒之不臭能消腫毒及能辨毒藥　又謂之碧犀此等最貴岑樓愼氏曰此與七卷所記不同以俟博物者正焉

## 毛犀

其毛與花斑皆類山犀而無粟紋其紋理似竹謂之鼇犀此非犀也不爲奇故曰毛犀

瓊

瓊赤玉也謝希逸雪賦林挺瓊樹世豈有赤雪耶李義山已隨江令誇瓊樹李長吉詩白天碎碎墮瓊芳相承誤用皆不考之過也

玉器

玉出西域于闐國有五色利刀刮不動溫潤而澤摸之靈泉應手而生凡看器物白色爲上黃色碧色亦貴更碾琢奇巧敦厚者尤佳　若有瑕玷皺動夾石

及色不正欠温潤者價低　白玉其色如酥者最貴但冷色即飯湯色油色及有雪花者皆次之　黄玉如栗者爲貴謂之甘黄玉焦黄色者次之　碧玉其色青如藍靛者爲貴或有細墨星者色淡者皆次之盖碧今深青色　黑玉其色黑如漆又謂之墨玉價低西蜀亦有之　赤玉其色紅如雞冠者好人間少見　緑玉深緑色者爲佳色淡者次之其中有飯糝者最佳　甘青玉其色淡青而帶黄　菜玉非青非緑如菜葉此玉色之最低者

古玉

古玉器物白玉爲上　有紅如血者謂之血玉古人又謂之屍古最佳　青玉上　有黑漆古　有渠古有甄古者價低嘗見菜玉連環上儼然黄土一重並洗不去此土古也

## 古玉器

古玉器有奇特細巧非人所能雕琢者多傳鬼工所爲予曰非也此皆昆吾刀及蝦蟆肪（脂也）所刻按本草云蝦蟆能合玉石陶隱居亦云其肪塗玉則刻之如蠟但肪不可多得取肥者剉煎膏以塗玉亦軟滑易琢惜未嘗試耳

沙子玉

此玉罕得比之白玉此玉粉紅潤澤多作刀靶環子之類少有大者

鑵子玉

雪白鑵子玉係北方用藥於鑵子內燒成者 若無氣眼者與真玉相似但比真玉則微有蠅脚久遠不潤且脆甚

玉羅漢屏

京城北醫官孫氏有木瓶小石屏石色赤緑上有正白如蒙頭坐僧頗類且云京人相沿號玉羅漢屏孫家

瑪瑙品類

瑪瑙品類多不同出產有南北其實一石卵爾大者如斗其體質堅硬碾造費工若南瑪瑙產大食等國色正紅而無瑕可作杯斝器具生西北者色青黑謂之鬼面青赤須間以紅色如珠絲者爲妙若靈夏爪沙羌地磧中間得之者尤奇有栢枝瑪瑙質如水玉上有枝葉儼如栢枝又有巾子瑪瑙黑白相間大不過一二寸又有合子瑪瑙質理純黑中間白綠者可作數珠間隔又有夾胎瑪瑙正視之則瑩白光彩側視之則若凝血盖一物而有兩色也出西羌砂磧中

甚不多見有紫雲瑪瑙者今和州大產者可作杯盤卓面等用寶一石爾　其中有人物鳥獸形者最貴

鬼功石

嘗有戒嵌瑪瑙一塊面上碾成十二支生肖其紋細如髮似非人功故謂之鬼功石又曰鬼國名

猫睛

猫睛出南蕃性堅黄如酒色睛活者中間有一道白横搭轉側分明與猫兒眼睛一般者爲佳故云若眼睛散及死而不活者或青黑色者皆不爲奇大如指面者尤好小者價輕宜嵌用

碧靛子

碧靛子出南番西番青綠色好者頗與馬價珠相類有黑綠色者低又謂之北靛子宜廂嵌用

金剛鑽

金剛砂出西番深山之高頂人不可到乃鷹隼打食在上同肉喫於 中却在於野地上鷹糞中獲得看大小定價 如辨真僞將砂於炭火中燒紅入釅醋中浸假者酥而易碎真者仍復硬而可用如或失去和灰土掃在乳鉢內擂之響者是也以其能鑽定器故名之曰金剛鑽

馬價珠

青珠兒出西番諸國色青如翠者道地有指面大轉身青者多做管兒用亦有當三折二錢大者顏色好者直錢其價如馬故謂之馬價珠但夾石粉青有油烟及色老者價低

辟珠

辟珠大者如指頂次如菩提子次如黍粟質理堅重如貝辟銅鐵者銅鐵不能損辟竹木者竹木不能損犯以他物即毁矣常附胎於椰子檳榔果穀之實之內過謂之聖鋏島夷能辨之故以爲奇寶也

北珠

北珠出北海亦有大小分兩定價看身分圓轉身青色披肩結頂者價高

熙寧中珠輦國使人入貢乞依本國俗撒殿詔從之使人以金盤貯珠跪捧於殿檻之間以金蓮花酌御座撒之謂之撒殿乃其國至敬之禮也朝退有司掃徹得珠十餘兩分賜

石榴子

石榴子出南蕃類瑪瑙顏色紅而明瑩如石榴肉相似故名曰石榴子可爾嵌用

花羊角

花羊角多出北地黑身白花者高白身黑花者低作刀靶染油不滑凡刀靶鸂鶒木爲最佳花羊角次之他物皆不及也

紅猪牙

紅猪牙出西蕃如蚌棗色紋理麁細與象牙相似假者以白象牙用藥煮成者

螺子黛

螺子黛出波斯國每顆值十金

金

扶南有山出金金露生石上無所限也見梁書

五熟釜

文帝在東宮賜繇五熟釜銘曰於赫有魏作漢藩輔厥相惟鍾實幹心膂靖共夙夜匪遑安處百僚師師楷茲度矩見三國志

王度鏡

異聞集隋王度有一寶鏡歲疫度令僕持鏡詣里中有疾者使照之即愈皆云見龍駒持一月來光彩破體清涼而愈

左宮枕

左宮枕青玉爲之體方平長可寢二人冬温夏凉醉者破醒夢者游僊云是左宮王夫人左宮以授杜光庭進之蜀主與皇明帳爲嬪宮二寶

驕龍杖

天師杜光庭驕龍杖紅如猩肉重若玉石似非藤竹所爲相傳是僊人留賜

瑞英簾

人家畜一簾赤紫色人在簾間自外望之繞身有光云得於天寶之亂蓋宮禁物也後歸于渾咸家有貴臣識之曰此瑞英簾耳

## 蔽日簾

至汴遇龍舟蕭妃乘鳳舸錦帆綵纜窮極侈靡前爲舞臺臺上垂蔽日簾簾即蒲澤國所進以負山蛟睫紉蓮根絲貫小珠間睫編成雖曉日激射而光不能透每舟擇嘉麗長白女子千人執雕板鏤金楫號爲殿脚女

## 鑌鐵

鑌鐵出西番面上有旋螺花者有芝麻雪花者凡刀劒器打磨光淨用金絲礬礬之其花則見價直過銀假造者是黑花宜子細辯驗　刀子有三絕大金水

總管刀一也西番鸂鶒木靶二也韃靼鞾皮鞘三也嘗有鑌鐵剪刀一把製作極巧外面起花鍍金裏面嵌銀回回字者

抵鵲盃

抵鵲盃房州刺史元自誠物也類珉而色淺黄夏月用雖無堅雪而水與果俱氷齒盛冬貯水則竟不凍

水晶不落

白樂天送春詩云銀花不落從君勸不落酒器也乃屈卮鑿落之類開運宰相馮家王有滑樣水晶不落一隻

龍蕋簪

吴越孫妃甞以一物施龍興寺形如朽木筯僧不以爲珍偶出示船上胡人曰此日本國龍蕋簪也增價至萬二千緡易去

古銅鴨盆

門村朱家常之古室舊蓄一古銅盆中有鴨形隱然初亦不以爲異他日有農墾土田間獲一銅鴨農不識賤價售於朱以合盆影不差毫髪注水盆中鴨輒自浮而浴

十二時盤

唐內庫有一盤色正黃圍三尺四周有物象元和中偶用之覺逐時物象變更且如辰時花艸間皆戲龍轉巳則爲蛇轉午則成馬矣因號十二時盤流傳及朱梁猶在

欽敬閣在康寧殿西鑄銅爲山高七尺許置閣中內設巧機用玉漏水激之使自輪轉五雲繞日朝夕出沒又設司辰武士玉女及十二神之像每時至武士擊鐘玉女奉時牌而出十二神各於方所輒自起立時盡則玉女還入神亦還伏其運如神莫測其妙山之四面陳豳風四時之景以爲候象

授時敬天勤民之所見朝鮮外集

禮星石

縱廣一丈厚尺餘有文理成丰極之象

獅子石

高三四尺孔竅千萬遞相通貫其狀如獅子首尾眼鼻皆具足

醒酒石

河南志河南長殿南有婆娑亭畔奇石處世傳李德裕醒酒石以水沃之有林木自然之秋今謂婆娑石蓋以樹名見李文饒別集

空青

空青出在越水衛白銅山沙內結磈如雞子色象荔枝內涵一磈同雞黃春夏水秋冬泥泥用黃蓮水浸即化一點目上後頸俱涼彼地三錢一顆見飛翠館求正集

硯山

李後主嘗買一硯山徑長纔踰尺前聳三十六峰皆大猶手指左右則引兩阜坡陀而中鑿為硯

石油

自石縫流出臭惡而色黑可搽毒瘡見緬甸軍民志

猛火油

猛火油樹津也一名泥油出佛打泥國大類樟腦第能腐人肌肉燃置水中光焰愈熾蠻夷以制火器其烽甚烈帆檣樓櫓連延不止雖魚鱉遇者無不燋爍也一云出高麗之東盛夏日初出時烘石極熱則液出他物遇之即爲火此未必然恐出樹津者是也西北邊城防城庫皆掘地作大池縱横丈餘以蓄猛火油不閲月池土皆赤黄又别爲池而徙焉不如是則火自屋柱延燒矣

雄黄油

正德末年始有之土人鑿井取鹽得此水偶落于火

熖甚熾遂用以照夜光倍他油但有雄黃氣故名雄黃油

記錦裾一作裙

侍御史趙郡李君好事之士也因余話上元瓦棺寺有陳後主羊車一輪天后武氏羅裾佛旛皆組繡奇妙李君乃出古錦裾一條示余幅長四尺下廣上狹下闊六寸上減下三寸半皆周尺如直其前則左有鶴二十勢若飛起率曲折一脛口中銜莩蘤莖右有鸜鵒聳肩舒尾數與鶴相等二禽大小不類而又以花卉均布無餘地界道四向五色間雜道上累細鈿

點綴其中繖雲瓔結互以相帶有若駮霞殘虹流煙墮霧春草夾逕遠山截空壞墻古苔石泓秋水印丹浸漏蘂粉塗染鹽絁環珮雲隱涯岍濃澹霏拂靄抑宜窨始如不可辨別及諦視之條段斬絕分畫一一有去處非繡繪縝緻柔美又不可狀也裏有繒緣下製綫尚仍舊兩旁皆解散蓋圻減零落僅存此故耳縱非齊梁物亦不下三百年矣昔時之工如此妙耶曳其裾者復何人焉因筆之爲辭繼于錦裾之後俾善詩者賦之見唐甫里文集

愼按羅泌國名記云書云胤之舞衣胤夏諸侯國

今利之胤山乾德三年曰平蜀天寶元年曰胤山
出舞衣今川錦也由是考之蜀錦之名遐而尚矣

皇明帳

自知詳傳至景但稱皇明帳不知所自色淺紅恐是
鮫鮹之類於皺紋中有十洲三島象施之大小床皆
稱可此爲怪耳夜則燦錯如金箔狀景敗失所在

琴

太平古琴以一段木爲之

古琴陰陽材

古琴有陰陽材盖桐木面日者爲陽背日者爲陰不

論新舊桐木置之水上陽必浮陰必沉反覆不易陽材琴旦濁而暮清晴濁而雨清　陰材琴旦清而暮濁晴清而雨濁

古琴色

古琴歷年既久漆色一作光盡退其色如烏木此最奇古也

斷紋琴

古琴以斷紋爲證不歷數百年其紋不斷然斷紋有數等類有蛇腹斷其紋橫截琴面相去或寸許或寸半一作半寸有細紋斷斷如髮千百條或有背面皆斷者背一

作底又有梅花斷者其紋如梅花頭此爲最古

僞斷紋

用琴於冬日內曬或以猛火烘琴極熱以雪罨音奄激裂之然漆色還新又有入雞子白灰漆後以甑蒸之懸於燥處自有斷紋此皆僞者

製琴法

造琴之法木用陰陽取其相配以召和也桐木屬陽以爲琴面梓木屬陰以爲琴底面圓象天底方象地長三尺六寸象三百六十日合十三徽以應律呂象十二月中徽爲君以象閏也

霧中

伊南田尸唐管當谷隱士趙彥安獲一琴斷文奇古真虵鮒也聲韻雄遠中題云霧中山三字人莫曉也後得蜀郡草堂閑話中載云雷氏斷琴多在峨眉無爲霧中三山方知爲雷琴矣

蘆笙

宋乾德中牂牁入貢召見詢問地理風俗令作本國歌舞一人吹瓢笙名曰水曲即今蘆笙兮在大理見之嘗作蘆笙吟五解其辭云蘆笙吟兮蘆笙吟可憐一寸匏能括四海音亂蘆笙吟蘆笙吟可憐一節蘆能

通四海心亂二昔我聞蘆笙乃在盤江河河邊跳月歌令人玄鬢皤亂三今我聞蘆笙乃在開南橋短歌和長謠從夕至淸朝亂四悲亦不在聲歡亦不在聲昔聲與今聲不是兩蘆笙亂五

跋韓幹馬

大駕南幸將八十年秦兵洮馬不復可見志士所共歎也觀此畫使人作關輔河渭之夢殆欲霣涕矣

跋韓晉公子母犢

予平生見三尤物王公明家韓幹散馬吳子富家薛稷小鶴及此子母牛是也

宋僧溫日觀居葛嶺瑪瑙寺人但知其畫蒲萄不知其善書也今世傳蒲萄多贋其真者枝葉鬚梗皆草書法也

五百羅漢圖記

五百羅漢圖一軸入定於龕中者一人蔭樹趺坐而說法者一人左右侍聽者八人說經者六人課經者六人課已而收經與誦而倚杖者各一人環坐指畫而議論者麈揮手杖支頤相嚮而談者各六人歸依寶塔者五人和南合座者六人稽首舍利光者八人飯餓鬼者四人食烏鳶者施魚鼈者各五人雲升者

六人指現五色光者鉢現白光者泉涌於頂者火燃於踵者袒而洗耳金環手隨求而立者各一人受齋請者七人受龍女珠獻者六人受兩猊花獻者四人受往生花獻者七人受衣冠從三牛謁者五人受胡輸贐者七人受胡從兩橐駝而致琛者四人受海神跪寶者五人騎龍者跨虎者乘馬者象駕者獅子馭者各三人爲羣說法者一人後座者三人植錫而座巨蟒上者一人背樹矚山謁者六人注猱升者仰鳳集者閱麋鹿者各四人俛伏獅者覩舞鶴者各五人擷蔬萏者一人從後者五人書蕉葉者五人持蕉葉

而涉筆者二人焚香而茗飲者六人臨流而滌鉢者三人滌已而持歸者一人浣衣者就樹絞衣者浣已而歸者將浣而進者隔岸而覘者各一人洗纏者後洗而納纏者振衣而去者各一人削髮者爲削髮者沐而待者解衣者既解收衣者各一人補毳者二人操刀尺者一人治綫者三人泉涌於石遠近而觀者十六人度石梁者三人欲度者四人行杖錫者二人導者二人贊者三人苦屩檐簦而歸者三人束裝而行者一人或坐或行或立跏趺欹欠杖杜笠負數珠白綿山曲水隈塗覯而卒遇者十八輩合一百二十

有三人或坐或行或立皆背樓觀憑欄楯據危迫險俛瞰仰睇直視轉盼側睨旁顧近相目遠相望者二十八輩合一百三十九人凡羅漢五百人而佛處其中焉佛之旁又有寶冠珠絡持如意執蓮花座貌象菩薩二石祖徒跣曲拳和南而後侍者弟子十瞻賛而前謁者十六甲冑椎髻挺劍秉鉞立左右者善神二别三十有一焉又童子有抱經室主茶奩荷策持缾盂湯徹器凡十有六鬼有馭龍馭馬象受施食送齋書鱗身鳥咮衣短後隱樹而窺者凡十有四雜人物有白衣胡跪獻花香珍怪衣冠而謁驅牛以從載

犀象挐篚而進被甲服弓矢愕而瞻歎者凡十有九鳥獸有鳳鶴鵲烏龍虎犀象獅子馬牛橐駝蟠螭戲猊猿猱大小四十有三然以羅漢為主故號五百羅漢圖世傳吴僧法能之所作也筆畫雖不甚精絕而情韻風趣各有所得其綿密委曲謂至矣昔戴逵常畫佛像而自隱於帳中人有所臧否輒竊聽而隨改之積數年而就余意法能亦嘗研思若此然後可成非率然而為之決也余家既世宗佛氏又嘗覽韓文公畫記愛其善叙事該而不煩縟詳而有軌律讀其文恍然如即其畫心竊慕焉於是倣其遺意取羅

漢佛之像而記之顧余文之陋豈能使人讀之如即其畫哉姑致叙之私意云爾元豐二年正月十五日

弟子秦某記

岑樓慎氏曰韓文公畫記已家傳而人誦矣故不錄

柴窑

柴窑器出北地河南鄭州世傳周世宗姓柴氏時所燒者故謂之柴窑天青色滋潤細膩有細紋多是粗黄土足近世少見

汝窑

汝窑器出汝州宋時燒者淡青色有蟹爪紋者真無紋者尤好土脉滋潤薄亦甚難得

官窑

官窑器宋修内司燒者土脉細潤色青帶粉紅濃淡不一有蟹爪紋紫口鐵足色好者與汝窑相類有黑土者謂之烏泥窑僞者皆龍泉所燒者無紋路

董窑

董窑器淡青色細紋多有紫口鐵足比官窑無紅色質麄而不細潤不逮官窑多矣今亦少見

哥哥窑

舊哥哥窯器色青濃淡不一亦有鐵足紫口色好者類董窯今亦少有成群隊者是元末新燒土脉麄燥色亦不好

古定窯

古定器俱出北直隸定州土脉細色白而滋潤者貴質粗而色黄者價低外有淚痕者是真劃花者最佳素者亦好綉花者次之宋宣和政和間窯最好但難得成隊者有紫定色紫墨定色黑如漆土俱白其價高於白定東坡詩云定州花瓷琢紅玉凡窯器有茅篾骨出者價輕蓋損曰茅路曰篾無油水曰骨此

乃賣骨董市語也

吉州窯

宋時有五窯書公燒者最佳有白色有紫色花瓶大者值數兩

古龍泉窯

古龍泉窯在今浙江處州府龍泉縣今曰處器青器古青器土脉細且薄翠青色者貴有粉青色者有一等盆底有雙魚盆外有銅掇環體厚者不甚佳

蜜蒙花紙

蜜香紙以蜜香樹皮葉作之微褐色有紋如魚子極

香而堅韌水漬之不潰爛晉大康五年大秦國獻三萬幅帝以萬幅賜杜預令寫春秋釋例疑今之蜜蒙花也其皮可作紙

訓釋

古文者蒼頡觀三才之變傳采衆美合而成字卽今說文偏旁是也凡五百四十字許愼分居每部之首亦曰科斗書畫文象之科斗今之蝦蟆子是也上古未有筆墨以竹挺點漆書竹簡上竹硬漆膩畫不能行故首麤尾細自然成象後人巧擬形狀失本意矣魯恭王壞孔子舊宅於壁中得古文尚書等皆科斗

文字滕公石槨之銘叔孫通讀之曰此古文科斗書也亦曰奇字　大篆者史籀取蒼頡形意損益古文或同或異轉相配合加之銛利鉤殺爲大篆十五篇以其名顯故謂之籀書以其官名故謂之史書以別小篆故謂之大篆今之石鼓文是也因而重複之則謂之復篆復篆者漢武帝以題建章闕云　小篆者李斯省篆籀之文著其蒼頡篇九章本曰秦篆世謂之玉筯篆又謂之八分小篆蓋比籀文十存其八云　刻符者其形鳥首雲脚用題印璽　蟲書者爲蟲鳥之形施于幡信又曰蟲書亦曰傳信鳥跡書是摹印者

屈曲其體施于印章亦曰繆篆　署書者宫殿題署是也蕭何作未央殿成用禿筆題額時謂之蕭籀又題蒼龍白虎二觀此署書之始也按題署之法至唐而人多忌諱矣其點畫分毫末來去各立名字應之以陰陽象之以五行法之以六神屋之大小字之尺寸各有程限察人平生禍福占其喜怒休咎之祥年月遠近之應可考而知古未必然也　殳書者書於殳也殳體八觚隨其執而書之又曰文記笏武記殳因而製之銘　隸書者程邈以文牘繁多難於用篆因減小篆取便於隸佐故謂之隸書亦曰佐書秦之

權量所刻是也故不爲體勢與漢款識篆文相類非有挑法之隸也　八分者王次仲增廣隸書爲之蓋起於官獄多事苟趨簡易故無點畫俯仰之勢按蔡琰言臣父八分書割程隸字八分取二分去李小篆二分又曰皆似八字勢有偃波大抵比秦隸則易識比漢隸則類篆以篆筆作漢隸即得之雖然必有辨焉分之不可爲隸猶楷之不可爲分也　章草者史游爲急就章一篇解散隸體簡略書之大抵損隸之規矩存字之梗槩漢俗所尚遂以流傳本草創之義謂之行草取篇名以別今草謂之章草世以爲章帝

書者誤矣章草之法必分波磔縱任奔逸字字區別非此特謂之草耳亦猶古隸之生今正書也　行書者正書之小變務從簡易相間流行故謂之行鍾繇謂之行狎初潁川劉德昇因隸法掃地而真幾于拘草幾于放介於兩間者不真不草行書是也　草書者張芝之變章草爲之字之體勢一筆而成偶有不連而血脉不斷及其連者則氣候聯帶通其隔行使動無窮極其恣態所謂約文該思應旨宣言者也　飛白者蔡邕見役人以堊帚成字心有悅焉歸而爲飛白之書蓋創法於八分窮微於小篆者也按王隱王

惜曰飛白變楷製也王僧虔曰飛白八分之輕者本是宫殿題署勢既尋丈字宜輕微不滿故曰飛白梁武帝復有白而不飛飛而不白之論又按宋仁宗至和中待詔李唐卿撰飛白三百點以進自謂窮進物象仁宗特爲清淨二字以賜六點奇妙又出三百點之外　鶴頭書彷彿鶴頭漢初詔版所用謂之尺一簡　偃波書狀若連波即詔版下鶴頭纖亂者　蚊脚書字體纖垂有似蚊脚尚書詔版用之　蠶書象蠶　轉宿書象蓮花未開司馬子韋感熒惑退舍而作　芝英書漢武帝時產芝於宣房因以紀瑞　氣

候直時書司馬相如采日辰之蟲屈伸其體升降其勢以象四時之氣云云又後漢東陽公徐安于搜諸史籀得十二時書盖象神形云 剪刀篆韋誕作象形薤葉篆曹喜本務光之法垂枝濃直以小篆書之垂露篆點綴輕盈象露之垂喜以書章表 懸針篆字之垂脚勢若針鋒 柳葉篆始於衛瓘 纓珞篆始於劉德昇觀星象爲之 鳳尾諾始於元帝用之批答本於章草字之有尾者 龍爪書羲之遊天台還會稽上洞庭題柱爲一飛字有龍爪之形 花草書始於齊武帝覩落英茂木爲之 虎爪書王僧

虔以擬龍爪加之縈娓兼以稜角有虎爪之勢　反左書庾亮呼爲衆中清閒法　連綿書一筆環寫百字若縈髮然　撮襟書不用筆卷帛書之　金錯刀筆勢顫掣　瘦金書筆勢勁逸類薛稷　堆墨書方丈大字

## 論書

古人書法皆由悟入若長史之舞劍器魯公之錐畫沙理宜有之故李陽冰亦曰於天地山川得方圓流峙之形於日月星辰得經緯昭回之度於雲霞草木得霏布滋蔓之容於衣冠文物得揖遜周旋之體於

鬚眉口鼻得喜怒舒慘之分於魚蟲禽獸得屈伸飛動之理乃知夏雲隨風擔夫爭道與觀盪槳聽江聲見蛇鬭進於書也　古人論書以沉着痛快爲善唐之書家稱徐季海書如怒猊抉石渴驥奔泉其大意可知凡書之害姿媚是其小疵輕佻是其大病直須落筆一一端正至於放筆自然成行草則雖草而筆意端正最忌用意裝綴便不成書　梁武帝論書鍾繇書如雲鵠游天群鴻戲海王羲之書如龍跳天門虎卧鳳閣張芝之如漢武好道憑虛欲僊蔡邕骨氣洞達如有神氣蕭子雲如危風阻日孤松一枝羊欣如

大家婢爲夫人舉止羞澁終不似真王獻之如何間少年皆悉光悅索靖如飄風忽舉鷙鳥乍飛王僧虔如王謝子弟之爽自有一種風流袁松如深山道士見人便退縮

方遜志云杜子美論書則貴瘦硬論畫馬則鄙多肉此自其天資所好而言耳非通論也大抵字之肥瘦各有宜未必瘦者皆好而肥者便非也譬之美人然東坡云妍媸肥瘦各有態玉環飛燕誰敢輕又曰書生老眼省見稀畫圖但怪周昉肥此言非特爲女色評持以論書畫可也予嘗與陸子淵論字子淵云字譬如美女清妙清妙不清則不妙予

戲答曰豐豔豐豔不豐則不豔子淵首肯者再

論帖

通用淳化法帖宋太宗雅意翰墨乃出御府所藏歷代真跡命侍書王著摹板禁中深得古意此諸帖之祖也　絳帖潘師旦模刻骨法淸勁足正王著肉勝之失然駿馬露骨又未免麤瘠之歎耳　潭帖僧希白模刻風韻和雅血肉停勻但形勢俱圓頗乏峭健之氣　大觀帖蔡京模刻精工之極至盖閣帖之亞也　太淸樓續閣帖劉燾模刻工夫精緻亞于淳化肥而多骨求補於王著乃失之麤便遂少風韻　戲

魚堂帖劉次莊模刻在淳化翻刻中頗爲有骨格者淡墨搨尤佳　武岡帖絳帖之次也　修内司帖亦有淡墨搨者絶佳　福州諸帖鼎帖石硬而刻手不精雖博而乏古意　星鳳樓帖曹士冕模刻工緻有餘清而不穠太清之亞也　玉麟堂帖吴琚模刻穠而不清多雜米家筆伏　寶晉齋帖曹之格模刻諸帖中之劣者　百一帖王晏慶模刻筆意清遒雅有勝趣恨刻手不精耳　鳳墅續法帖二十卷曾宏父模刻　群玉堂法帖十卷

跋樂毅論

樂毅論縱横馳騁不似小字瘞鶴銘法度森嚴不似
大字此後世作者所以不可仰望也

跋陳伯子所藏樂毅論

世傳中山古本蘭亭之流帶右天五字有殘闕處於
是士大夫所蔵蘭亭悉然又謂樂毅論古本至一海
字止於是凡樂毅論亦至海字而亡其餘妄僞亂真
大抵如此今伯子此軸皆佳後一本尤敷腴可愛未
可以海字爲定論也

跋山谷書陰真君詩

此石刻在夔州漕司白雲樓下黄書無出其右者

十七史

史記司馬遷　漢書班固　後漢書范志寧　三國志陳壽

晉書房玄齡　宋書沈約　南齊書蕭子顯　梁書姚思廉

陳書姚思廉　後魏書魏收　北齊書李百藥　後周書令狐德棻

隋書顏師古　南史宋齊梁陳李延壽　北史魏齊周李延壽

唐書歐陽修　五代史歐陽修

金海玉海

梁武帝撰金海王應麟撰玉海周興嗣撰千字文隋

潘徽撰萬字文

跋天隱子司馬子微

最後易簡漸門二一説非天隱子本語

跋造化權輿

先楚公著坤雅多引是書然未之見也

跋司馬子微餌松菊法

乾道初予見異人於豫章西山得司馬子微餌松菊法文字古奧非妄庸所能附託八年又得別本於蜀青城山之丈人觀

跋陵陽先生詩草

右陵陽先生韓子蒼詩草一卷得之其孫耤先生詩擅天下然反覆塗乙又歷疏語所從來其嚴如此可

以爲後輩法矣予聞先生詩成既以示人久或累月遠或千里復追取更定無毫髮恨廼止則此草亦未必皆定本也大歌庵詩一章徐師川作而先生手錄之亦足見其無昔人爭名之病矣故附見卷中

跋中興間氣集

高式字仲武此集所謂高仲武乃別一人名仲武非適也議論凡鄙與近世宋百家詩中小序可相甲乙唐人深於詩者多而此等議論乃傳至今事故有幸不幸也然所載多佳句亦不可以所託非其而廢之

跋齊驅集

此集刻版於宣和三年方是時黨禁猶未解文士之說僅有見者故本多誤然好事肎法刻之亦奇矣

跋說苑

李德芻云館中說苑二十卷而闕反質一卷曾鞏乃分修文爲上下以足二十卷後高麗進一卷遂足

跋金奩集

飛卿南鄉子八闋語意工妙殆可追配劉夢得竹枝信一時傑作也

跋却掃編

此書之作敦立猶少年故大抵無紹興以後事

跋李徂來集

中野去魯歸周三百詩可以追媲退之琴操而世不甚傳

跋許用晦丁夘集

許用晦居於丹陽之丁夘橋故其詩名丁夘集在大中以後亦可爲傑作

跋宋元暉書先左丞海岱樓詩

右宋侍郎元暉書其先大父題海岱樓詩一首春秋公羊傳曰山川有能潤于百里者天子秩而祭之觸石而出膚寸而合不崇朝而徧雨乎天下者惟泰山爾

故大父云起爲霖雨從膚寸蓋言徧雨天下之澤自膚寸而始也米所書誤以從爲成遂失本意

跋花間集

花間集皆唐末五代時人作方斯時天下岌岌生民救死不暇士大夫乃流宕如此可歎也哉或者亦出於無聊故耶笠澤翁書

跋傅給事竹友詩槀

王逸少寫經換鵝給事傅公籠鵝換竹二者皆山陰勝絶事然換鵝事人皆能道之換竹事未甚著鄉人以爲恨獨其曰是不足怪也逸少志在物外不肯輕

爲世用故換鵞事易傳給事方南渡之初忠義大節一時稱首雖困於讒誣用之不盡然至今聞其風者可立衰懦則換竹事固應不傳蓋所見於世者大也

祕閣書記

劉向校勘以來子歆爲七略大凡萬三千二百六十九卷王莽焚燒之後王允收而西者僅七十餘乘道遠復棄其半荀勗分經史子集爲四部大凡九千九百四十五卷西晉李充以勗舊部校之在者三千一十四卷宋謝靈運造四部目凡四千五百八十二卷王儉造目録萬五千七十四卷齊王亮造書目萬八

千一十卷梁任昉文德殿所藏二萬三千一百六卷元帝克平侯景收文德殿書歸江陵凡十餘萬卷周師焚之宋武所收四千卷後周書目八千增至萬卷周武平齊僅至五千卷唐滅隋魏鄭公盡收圖書載船經砥柱沒十之七八大凡八萬六千九百六十六卷見在三萬六千七百八卷開元中四部目錄凡五萬一千八百五十二卷

## 萬卷樓記

學必本於書一卷之書初視之若甚約也後先相參彼是相稽本末精粗相爲發明其所關涉已不勝其

衆矣一編一簡有脫遺失次者非考之於化書則所承誤而不知同字而異詁同辭而異義書有隸古音有楚夏非傅極群書殆不可遽通此學者所以貴夫傅也自先秦兩漢訖于唐五代以來更歷大亂書之存者既寡學者於其僅存之中又莽鹵焉以自便其怠惰因循曰吾懼傅之溺心也豈不陋哉故善學者通一經而足藏書者雖盈萬卷猶有憾焉而近世淺士乃謂藏書如鬬草徒以多寡相爲勝負何益於學嗚呼審知是說則秦之焚乃有功於學者矣昭武朱公敎之粹於學而篤於行早自三館爲御史爲寺卿

出典名藩尊所聞行所知亦無負於為儒矣然公猶然自以為歉益務藏書以樓於架藏於櫝為未足又築樓於第中以示尊閣傳後之意而移書屬予記之予聞故時藏書如韓魏公萬籍堂歐陽兗公六一堂司馬溫公讀書堂皆實萬卷然未能絕過諸家也其最擅名者曰宋宣獻李邯鄲呂汲公王仲至或承平時已喪或遇亂散軼士大夫所共歎也朱公齒髮尚壯方為世顯用且澹然無財利聲色之奉儻網羅不倦萬卷豈足道哉

## 鐵券

形宛如屋高尺餘濶二尺許務詞黄金商嵌見輟耕録

錫蓮

徐廣曰音蓮鈆之朱鍊者

仙音燭

同昌公主薨帝傷悼不已以仙音燭賜安國寺冀追冥福其狀殊高層層露寶為之花鳥皆玲瓏燭既然點外玲瓏者皆鑾動丁當清逸燭盡響絕莫測其理見虚谷閒抄

宋時宫燭

廷寶文以紅羅命匠作燭心匠以絹易之召詰之欲

羅燒則灰飛絹則餘燼而已出傳聞録宋代宮闈以龍涎香貫其中而以紅羅纏炷燒燭則灰飛而香散又有令香煙成五彩樓閣龍鳳文者

## 太陰玄精

太陰玄精生解州鹽澤大滷中溝渠土內得之大者如杏葉小者如魚鱗悉皆尖角端正如龜甲其裙襴小墮其前則不刻正如穿山甲相掩之處全是龜甲更無異也色緑而瑩徹叩之則直理而折瑩明如鑑折六角如柳葉火燒過則悉解折薄如柳葉片片相離白如霜雪平潔可愛此乃稟積陰之氣凝結故皆

六角今天下所用玄精乃絳州山中所出絳石耳非玄精也楚州鹽城古鹽倉下土中又有六物六稜如馬牙消清瑩如水晶潤澤可愛彼方亦名太陰玄精然喜暴潤如鹽鹼之類唯解州所出者爲正

解州鹽澤方百二十里久雨西山之水悉注其中未嘗溢大旱未嘗涸滷色正赤在版泉之下俚俗謂之蚩尤血唯中間有一泉乃是甘泉得此水然後可以聚又其北有堯梢水一謂之巫咸河大滷之水不得甘泉和之不能成鹽澤唯巫咸水入則鹽不復結故人謂之巫咸河爲鹽澤之患築大堤

以一防之甚乎䲭蔻盜原其理蓋巫咸乃濁水入海

中則淤澱滷脉壅遂不成非有他異也

# 華夷花木雜考卷之十二

吳興郡山人愼懋官選集

## 花候

一月二氣六候自小寒至穀雨凡四月八氣二十四候每候五日以一花之風信應之世所畧言曰始于梅花終於楝花也詳而言之小寒之一候梅花二候山茶三候水僊大寒之一候瑞香二候蘭花三候山礬立春一候迎春二候櫻桃三候望春雨水一候菜花二候杏花三候李花驚蟄一候桃花二候棣棠三候薔薇春分一候海棠二候梨花三候木蘭清明一

候桐花二候麥花三候楝花穀雨一候牡丹二候荼
蘼三候楝花楝花竟則立夏矣

十友十二客

宋曾端伯以十花爲十友各爲之詞荼蘼韻友茉莉
雅友瑞香殊友荷花浮友巖桂僊友海棠名友菊花
佳友芍藥艶友梅花清友梔子禪友張敏叔以十二
花爲十二客各詩一章牡丹賞客梅清客菊壽客瑞
香佳客丁香素客蘭幽客蓮靜客荼蘼雅客桂僊客
薔薇野客茉莉遠客芍藥近客敏叔名景修宋禮部
郎中吳中人

## 花石綱

宣和遺事宣和閏八月除張閣知杭州兼領花石綱事先有朱勔者蔡京以進上頗垂意花石勔初才致黃楊木三四本已稱聖意後歲歲增加遂至舟船相繼號作花石綱專在平江置應奉局每一發輒數百萬貫搜岩剔藪無所不到雖江湖不測之淵力不可致者百計出之名做神運凡事庶之家有一花一木之妙的悉以黃帕遮覆指做御前之物不問墳墓之間盡皆發掘石巨者高廣數丈將巨艦裝載用千夫牵挽鑿河斷橋毀堰折閘數日方至京師一花費千

貫一石費數萬緡

四香亭

在州治淳熙間趙公建自題云未嘗何希深之言曰荼蘪香春芙蓉香夏木犀香秋梅花香冬

與程天倅

白鶴峯新居成當從天倅求數色果木太大則難活太小則老人不能待當酌中者又須土碓稍大不傷根者爲佳不罪不罪

東坡種花

持錢買花樹城東坡上栽但擇有花者不限桃杏梅

百果參雜種千枝次第開天時有早晚地力無高低
紅者霞豔豔白者雪皚皚遊蜂逐不去好鳥亦棲來
前有長流水下有小平臺時拂臺上不一舉風前杯
花枝蔭我頭花蘂落我懷獨酌復獨詠不覺月平西
巴俗不愛花竟春無人來唯此醉太守盡日不能迴

對新家醞翫自種花

香麴親看造芳叢手自栽迎春報酒熟垂老看花開
紅蠟半含萼綠油新醱醅玲瓏五六樹瀲灩兩三盃
恐有狂風起愁無好客來獨酬還獨語待取月明迴

金玉爲樹木

李蔚咸通十四年詔迎佛骨鳳翔京師高貲相與集
大衢金玉爲樹木

衣錦將軍

吳越錢鏐臨安里中有大木鏐幼時與群兒戲木下
光化元年檢校太師號其幼所嘗戲大木曰衣錦將
軍

詠落花

青鞋布襪謝同游粉蝶黃蜂各自愁傍老光陰情轉
切惜花心性死方休膠粘日月無長策酒醴茶蘼有
近憂一曲山香春寂寂碧雲暮合隔紅樓

園圃中四旁宜種决明草蛇不敢入

凡果須候肉爛和核種之否則不類其種

諸果於三月上旬取直好枝如拇指大長五尺插大芋或大蘿蔔蕪菁中種之皆活三年後成樹全勝種核

凡百果樹中蠹其孔用杉木作丁釘之即絕

催花法凡花用馬糞浸水澆之即開

生人髮掛果樹烏鳥不敢食其實

果子先被人盗喫一枚飛禽便來喫

凡樹一移當三年

草木辛食者不長

善賞花吟

人不善賞花只愛花之貌人或善賞花只愛花之妙花貌在顏色顏色人可效花妙在精神精神人莫造

見擊壤集

花前勸酒

春在對花飲春歸花亦殘對花不飲酒歡意遂闌珊酒向花前飲花宜醉後看花前不飲酒終負一年歡

見擊壤集

惜花人

種花而弗愛猶弗種也愛花而弗惜猶弗愛也愛有貪惜惜兼痛意辟諸學知不如好好不如樂也古之括香使司花女移春檻選勝亭買之千金贈之九錫無非愛之深耳懸金鈴燒紅燭付酒盞藉枕幃武仲不落閔子美不掃徑無非惜之至耳韓子云直把春償酒都將命乞花禪家所謂觸緣受受緣愛愛緣取有生老死十二因緣不能解脫者此也杜子云一片花飛減却春花飄萬點正愁人所謂從愛生憂者也又云且看欲盡花經眼莫厭傷多酒入脣所謂從憂生愛者也綺囪紛紛無可柰何非與花爲命者又何

足以知之也哉甲子春三月六日香宇薔薇十二屏花開甚盛黃昏風雨大作無策蔽覆勉強就枕子玹趣田子起曰爭忍群芳落莫聊亟宜秉燭往探平安也至則紅愁綠慘俛首垂泣若訴若怨不忍相見者田子方太息而子玹忽囅然大笑田子曰何謂也子玹曰獨不念蘇子之詩乎曰蘇詩云何因長吟曰東風陣陣泛寒光大雨沉沉水滿廊只恐夜深花睡去故燒高燭照紅妝子藝不覺抵掌絕倒持燭翻滅徘徊竚惜者久之恐寒不能返室且曰此大佳話也不可無紀遂口占一篇用慰花神云耳雨過三日便爲

霖何況春來兩月陰撫景忽思燒燭[illegible]不眠重起惜花心紅妝冷落燈光濕翠屋淋漓夜色深扶病細君能解事當年詎復伴知音噫亦庶幾不負賞花者矣

褪呑䌌切上聲水流物去也其去聲即爲褪盡方言也亦可以補字書之不備者

別花人

惜花人固難得而別花人亦難得未有能別花而不惜花者今俗人家不惟不種花雖好事種之彼亦不知其名視之如凡草鄙之如惡木真殺風景也所以古人謂難得別花人夫紫薇薔薇特常植耳而白樂

天猶惜之故其詩曰除卻微之見應愛世間少有別花人又云移他到此須爲主不別花人莫使看是則太傅可謂之別花主而微之可謂之別花人矣然古之文人亦有極殺風景事蓋折花極俗人惡事也而蘇子瞻歐陽永叔亦嘗犯之子瞻在東武南禪資福寺大會賓客翦芍藥七千餘朵置瓶盎中供佛賞翫永叔在楊州會客取荷花千朵插畫盆中圍繞坐席命客傳花人摘一葉盡處飲酒此皆忍心人也惜花之情安在余嘗于花間日大書粉牌懸諸花間曰名花猶美人也可翫而不可褻可愛而不可折擷葉一

瓣者是褰美人之裳也掐花一朶者是挽美人之膚也拗花一枝者是折美人之肱也以酒噴花者是唾美人之面也以香觸花者是熏美人之目也解衣對花狼藉可厭者是與美人裸裎相至也近而觀者諦之審視而嗅者謂之魏寶曰審逢惡穢莫之風景者而不省誓不許者惕呼此雖戲詞無非憐花之至情香盤耳凡我同人其守此約

本冰

成化丙戌十一月朔吉旦自西華抵扶溝明日坐堂工見有苦務者從並來者樹并草蓋皆白少頃堆積

枝柯間璘瓏雕鏤甚佳但與皂此何物曰樹孝也因檢[illegible]司[illegible]有[illegible][illegible][illegible]木稼遣官怕旣而聞河南李少保賢有疾十二月十四日竟卒太臣之所繫固重也夫

樹掛

予判至永平宿七家嶺驛一夕霧氣凝聚起視田野山川皆如霜霰著草木之枝葉堅厚綷結比雪特重俗呼爲樹掛自豐潤至此凡兩見焉或曰樹掛必有其應不徒然也於是爲作樹掛之歌以紀其云　岑樓愼氏曰萬曆六年冬木枝皆氷垂掛一二尺瑩白

可愛予謂鄉人曰此樹孝也鄉人不悟七年八年果大水渰没田禾不可勝數方信予言爲有徵云書此以示後人凡遇此異須當大築隄防莫謂盡信書則不如無書以受無窮之害

木飲州珠崖一州其地無泉民不作井皆仰樹汁爲用

尼山在曲阜縣東南五十里一名尼山孔子應禱所生之地祖庭廣記云顏氏禱於尼丘升之谷草木之葉皆上起降之谷草木之葉皆下垂及懷姙十一月而生

有一人好道而不知求道之方唯朝夕拜跪向一枯樹輙云乞長生如此二十八年不倦枯木一旦忽然生華華又汁甜如蜜有人教令食之遂取此華及汁並食之食訖即僊

千年木精爲青牛

題葉

李巨川楊守亮爲韓建所擒巨川械以從題木葉遺建祈哀

草花木雜考卷之十二

# 附全五册目録